U0261505

咖啡圣经

唐纳德·博斯特罗姆 著
郑冰 东方檀 译

中国电力出版社
CHINA ELECTRIC POWER PRESS

序

遇见即是缘
从 *KAFFE BOKEN* 到《咖啡圣经》

世间的人或事，遇见多系偶然。遇见并洐生关联，留下痕迹，最初的遇见，便更是难得的缘分。

已经记不得是什么时候喝的第一口咖啡。在中国，在早些的年代，咖啡不是普通人群的寻常消费品。对于年长些的人，对于城市以外或者经济条件不甚优渥的人，即便如今，咖啡也仍然不是生活日常。

咖啡的本质只是与茶水无异的饮品，不必贴上贵气或市井的标签，与身份、地位、圈层挂钩，也不必牵强赋予内涵，包装得深刻神秘。陶醉于香气氤氲的咖啡馆也好，持杯匆行逼仄背街陋巷也罢，都改变不了咖啡的原生属性。

不过，咖啡的确不是简单的存在。

对咖啡的热爱，是这个多元纷争世界中稀有的一致。不分领域和国界，在极寒的北极和酷热的赤道，空气中都飘逸着咖啡的浓醇；不分种族和肤色，欧洲绅士和非洲土著，同样无法抗拒咖啡的诱惑。贫与富、美与丑、奢与俭，任何咖啡爱好者都可以在细细研磨中体验精酿的浪漫，在简单直接中感受速溶的痛快。

从被发现的那天起，咖啡就与人们的生活方式、文化背景、地域风情、经贸往来甚至战乱相互缠绕，很难有另外的饮品能如咖啡这样充满话题性。

巴尔扎克在波蔻咖啡馆完成了《人间喜剧》，海明威在丁香园咖啡馆撰写《太阳照常升起》，毕加索在四只猫咖啡馆寻找创作灵感，梵高更直接给世人呈现了《夜间咖啡馆》……无数名人巨匠，在一杯普通咖啡的陪伴下，让艺术追求和人文情怀彼此交融，释放光芒。

与备受青睐的茶叶相比，咖啡更是工业文明的产物。一颗小小的咖啡豆，在种植、采收、加工、烘焙、萃取、研磨后，能够释放出800余种香气，其技术、工艺发展以及对标准、参数和流程的精准操控，催生出发明和创意无数，成为人类近现代文明中看不见的“推手”。显然，咖啡所消费的，远不是寻常饮品，更是外延广阔的空间和可供无限挖掘的附加值。

关于咖啡的出版物不在少数，或重视史实技法，或偏爱时尚情调。作为游历天下的瑞典战地记者和摄影师，唐纳德·博斯特罗姆（Donald Boström）的 *KAFFE BOKEN*（《咖啡圣经》的瑞典语版书名），则贡献了一种特别的阅读感受。

KAFFE BOKEN 从咖啡发源、种植到贸易，从咖啡工艺与制作方法、咖啡与健康、咖啡与文化、咖啡与人类可持续发展，内容集成丰富，堪为百科经典。作者曾为众多媒体采写战争、地区冲突及全球突发事件报道的特殊阅历作用于 *KAFFE BOKEN*，其个性化的文字描述和几乎另类的镜头采录，充分展现了“发现”的魅力，强烈的纪实色彩产生着如临其境的代入式体验感。*KAFFE BOKEN* 对于人文、历史、植物、基因与遗传学、生态学等领域的广泛涉猎，使其一经出版便摘下瑞典美食学院“2017年度美食文学奖”，成为名副其实的咖啡“圣经”。

三年前一个黄昏将至的秋天，中国电力出版社的两位编辑在“瑞典哥德堡国际书展”即将结束前最后几小时与 *KAFFE BOKEN* 不期而遇，并第一时间约唐纳德先生在展厅相见。此后，历经复杂的版权洽谈和出版流程，*KAFFE BOKEN* 以《咖啡圣经》为名在中国面世。

应该特别表达对 *KAFFE BOKEN* 瑞典出版商的敬意。在互联网和数字化浪潮中，这对瑞典父女坚持经营着一家有着百年历史的家族“迷你”出版社。他们认为虚拟世界无法给予读者纸张翻阅的感受，“所做的事情，只是为了那些眷恋书的人”。

还需要致敬翻译的付出。*KAFFE BOKEN* 中大量专业术语、人名地名、不同学科背景知识、不同国家历史事件等庞杂交织，使翻译工作量及难度远超预期。为了检索一个词条，甚至要用去几天时间，兑现自己“没有最好，只有更好”的承诺。这样的职业态度和专业水准，让我们可以轻松从容地用自己熟悉的文字，在传奇的咖啡世界漫游。

更谢谢唐纳德先生。穿行 20 多个国家，采访无数咖啡种植者、经营者以及来来往往的咖啡品尝者，因为他的勤勉，我们有机会欣赏到一位记者对咖啡世界的敏锐捕捉和真诚表达。在即将付梓时，唐纳德先生还发来了一段在自己家书房中录制的视频介绍 *KAFFE BOKEN*。视频中虽只有一个场景，但拍摄专业、背景有序、用光考究。此前，为了配合 *KAFFE BOKEN* 在中国的出版，唐纳德先生还特意增加了“咖啡在中国”的内容。跟随唐纳德先生的笔和镜头，我们可以沿着咖啡传播的足迹，到埃塞俄比亚寻找咖啡起源，到北欧围坐在火堆旁品尝加盐咖啡，到印度尼西亚种植园领略咖啡采收的喜悦，到美国感受人手一杯星巴克快走街头的节奏。

这就是咖啡：

冬日传温暖，夏夜送清凉，晨起召唤激情，午后驱离慵懒……在所有的季节、时段、情境、状态下，咖啡都能碰撞出自成一派的魅力，证明自己不被替代的价值，既可融通难调的众口，又能独立得千姿百态。

这就是 *KAFFE BOKEN*——《咖啡圣经》：

用鲜活的文字和图片锁定见闻，沉淀历史，让咖啡传奇经世流淌。

用书籍和咖啡碰撞出特殊的缘分，在阳光下、风雨中日久生香，让国与国、人与人的距离不再遥远。

作为出版人，我们愿意把这种宝贵的缘分，与更多热爱咖啡的读者共享。

张渝

2021 年 4 月 26 日

原版序

开启咖啡世界之旅

太阳将近落山，我们来到了眼前这片土地。在狭窄、尘土飞扬的路上，我们颠簸了12多个小时，穿越壮观的峡谷和景色迷人的山谷，在途中停留数次，口嚼甘蔗来保持体力。向导带领我们缓速而笃定地朝向埃塞俄比亚的西南部——传说中的咖啡原产地行进。

咖啡被发现至今已有1000多年的历史，在离村庄不远处的一间棚屋里，流传着咖啡起源的故事。一家农户热情好客，为我们举办了一场埃塞俄比亚传统的咖啡仪式。棚屋中无法连接电源线，我们只能在闷热、黑暗的棚屋中摸索着活动。我拿出白天用太阳能电池板充好电的小手电筒照明，此刻，它散发出的光像是圣诞节前夜教堂中昏暗的光。我们围着余尽的火堆而坐，黑色的咖啡刚刚煮好，似乎可以感觉到，咖啡的历史，就在眼前这壶咖啡所散发的浓郁醇香中。

远在千年前，当生活在埃塞俄比亚西南部的人们探索如何使用红色的咖啡浆果时，或许完全没有想过，他们所做的一切将对人类子孙后代产生的影响。从埃塞俄比亚热带丛林中煮咖啡浆果时蹿出的神奇火苗，到如今发展至全球的咖啡产业，它已成为世界最大的经济产业之一。在世界范围内，约有1.25亿人从事咖啡行业。随着80多个咖啡生产国咖啡产量的不断增加，全球每天约能供应31亿杯咖啡。

想到1000多年前的习俗如今成了风靡城市商业街的时尚，的确令人感到神奇。我们也了解到咖啡为何有如此的吸引力：咖啡豆一经烘焙，内含800～900种芳香，香气随咖啡释放，一杯喝完，令人神清气爽，这源于咖啡因抑制了我们大脑中产生疲劳感的腺苷[1]。早在科学研究发现咖啡功效之前，我们的身体就已经有所感知，而人们最早在家中煮咖啡时，便已经认识到了咖啡的积极作用。

[1] 腺苷：一种遍布人体细胞的内源性核苷，可直接进入心肌经磷酸化生成腺苷酸，参与心肌能量代谢，同时还参与扩张冠脉血管，增加血流量。——译者注

风裹着咖啡的香气掠过大地，撩拨人的多重感官，激发我们对咖啡风味的兴趣，也令我们对食物、葡萄酒、巧克力和咖啡的搭配组合饶有兴趣。本书详细介绍了咖啡的方方面面，从咖啡豆与风味，到如何冲泡一杯咖啡……它是为越来越多对味道世界感兴趣的人而编写的。

若没有烘焙专家们的帮助，很难想象这样一本涉及范围如此广泛的咖啡书该如何出版。我和出版商选择与瑞典烘焙公司阿维德－诺德奎斯特（Arvid Nordquist）合作。它是瑞典最老牌的烘焙公司之一，是个家族企业，如今已传承到第四代。公司有着超过130年的全球咖啡生产与贸易经验，在全球变暖已威胁到咖啡树生长的当下，它有着积极的可持续发展策略，而“可持续发展”也是书中重要的一部分。

成年后的我，对咖啡并非一见钟情。很多人似乎可以很悠闲地享受咖啡，喝时常配上一块蛋糕或是小圆面包。而我呢……好吧，这样说吧，在我与咖啡相识了相当长一段时间后，才日久生情。不过我最终成了铁杆咖啡迷，每日早餐至少要喝三杯咖啡，以开启一天的生活。

或许世界上还有很多人不喝咖啡，但我可以肯定地说——咖啡征服了人类。在世界各地，不同文化、不同政治制度背景下的人都喝咖啡，不同宗教信仰者也喝咖啡。在本书的后几章，我们还能看到世界上一些有趣的咖啡文化。咖啡在继续着它的“旅程”，即便在传统的饮茶国家，如印度和中国，咖啡的消费量与种植量也在逐年增加。中国正在成为世界最大的咖啡消费国之一，咖啡消费量每年增长22%，高于全球增长水平。如今，中国的咖啡市场日益扩大，正在接近世界咖啡消费量排名前十名的国家。

早期，咖啡在社交与文化生活中便占有一席之地，尤其在欧洲。在18世纪和19世纪，巴黎普罗科普（Le Procope）咖啡馆以“文学与哲学思想的聚集地”而闻名，新的咖啡文化孕育出启蒙运动的思想。一拨拨历史人物坐在咖啡馆里，探讨“天赋人权”，酝酿着法国大革命。当女性还居于家中，伏尔泰、坎迪德、狄德罗、卢梭、富兰克林、罗伯斯庇尔、拿破仑、巴尔扎克与维克多·雨果，便走进了咖啡馆。在巴塞罗那，毕加索、达利、

米罗、加西亚·马尔克斯，以及巴尔加斯·略萨与他的同伴，在咖啡馆中找到了他们的庇护所；而在罗马，歌德、李斯特、易卜生、安徒生、门德尔松、瓦格纳及卡萨诺瓦，都曾在咖啡馆里探讨哲学。巴赫还曾动情地写下一首以咖啡为主题的音乐剧，据说 1734 年，他甚至在莱比锡的齐默尔曼咖啡馆（Café Zimmermann），亲自指挥了首场演出。

> 啊！咖啡如此甜美，
> 胜过千万热吻，
> 甜过麝香美酒。
> 咖啡，我不能没有咖啡，
> 如果有人想宠爱我，
> 啊，那就送我咖啡作礼物吧！
> ——巴赫《咖啡康塔塔》（Coffee Cantata）

在从巴西回瑞典的飞机上，我将一张地图叠在另一张上，去看人类的起源和他们在世界各地的迁移，以及咖啡的起源及其在世界各地的传播。两者可能相隔数千年，但却惊人地相似，起点大致相同，都在非洲东部。历史表明，人类的祖先——现代智人，起源于现在埃塞俄比亚的南部地区；而我们常喝的阿拉比卡咖啡，起源于埃塞俄比亚的西南部。两者都开辟了穿越红海到达也门及阿拉伯半岛的道路，之后一支继续向东，到达亚洲，另一支则向北，抵达欧洲。尽管咖啡树在超过南北纬 23° 便停止了生长，但人们已将它的果实带到了世界的每个角落。

在写作本书时，我常会遇到同一主题相互冲突的信息。如全球每天消耗多少杯咖啡？资料显示，全球每天的咖啡消耗量从 23.5 亿杯到 4000 亿杯都有，而本书采用的数字为 31 亿杯。这是根据以下的统计假设：全球咖啡产量约每年 1.54 亿袋，每袋 60 千克，而一杯咖啡平均需要 8 克咖啡，1000 克咖啡可制成 125 杯，这样计算可以得出全球每天的咖啡消费量为 31 亿杯。在积累了几十年的咖啡知识，到世界六大洲做现场调研，与经验丰富的咖啡烘焙师合作并广泛采访世界各地的咖啡专家后，现在，我们可以在书中开始一段旅程，走进咖啡的多样世界。

唐纳德·博斯特罗姆

Donald Boström

中文版出版说明

《咖啡圣经》中文版的翻译与编辑出版，以尊重原著为准，在符合出版规范，同时不影响阅读中内容理解的情况下，均尽量以原著形式呈现，具体说明如下。

1）图片的图号与图注位置，保留原书版式设计，以保证图片效果的完整性。

2）书中多处出现“如今”“当下”“目前”等时间节点，均指2017年瑞典语版出版前的时间。为保留原著语言风格，中文版中未做具体年份的转换。

3）书中人名、地名等出现多国语种，翻译中均以保留原文处理。人名翻译中，个别处以短横线分割（保留原书方式，以表示复名或复姓等特殊含义），其余均以圆点做姓与名的分割；地名翻译则以短横线做分割。

4）书中索引的编制，保留原书的词条检索中的页码编制方式，仅在中文版中按汉语拼音字母顺序重新排列。

5）中文版中，作者在不同章节扩充或增补了中国咖啡生产与市场状况的相关内容，以便读者做比较性了解；翻译与编辑增加了译者注与编者注，有助于读者对书中内容的延展性阅读。同时，正文编辑中将原书作者置于句中的补充说明统一改为页下注形式。

目录

咖啡豆之旅

咖啡浆果与咖啡豆

当我们采收成熟的咖啡浆果时，巴西山丘上掠过的风带来了清爽与凉意。山脉与山谷之间景色迷人，成千上万棵咖啡树整齐排列，上面缀满了成熟的咖啡果实，像是科幻小说中的场景。我摘下果子，挤出浆果，品尝着黄色或红色的咖啡樱桃，甜味中带有一丝提神的酸味，这使咖啡樱桃的果肉格外美味。令我惊讶的是，尽管瑞典和芬兰居全世界人均咖啡消费量排行榜前两名，但我的瑞典同胞没有几个见过咖啡的果实，甚至不知道它长什么样。对大多数人来说，咖啡或许只是棕色磨碎的粉末，或是小颗粒。

从严格的植物学角度来说，我们所称的咖啡樱桃，实际上是一种水果，即石头般坚硬的果实，或称为核果[1]，有核，或是说有种子。这种果实以我们称之为“豆子”的种子来繁殖，而它也用于制作咖啡。在国际咖啡行业中，这种水果被称为“樱桃”。咖啡樱桃在形状、大小和颜色上与普通的樱桃非常相似，不过相似之处也仅此而已。

咖啡樱桃由许多层组成，剥开外面各层，才能看到中间的豆子。最外一层带有颜色的果壳内有带甜味的黏液（mucilage），这是果肉层。往内是“羊皮纸”（parchment）层，之所以这么称呼是因为它的质地和手感与羊皮纸非常相似。“羊皮纸”层也称为佩尔加米诺（pergamino，带外皮的咖啡豆）。再往内是一层美丽且细腻的银色薄膜，包裹着整个加工过程最终需要的豆子。这些果核，或是说豆子，就是我们所要的。咖啡豆的成分主

第13页：来自巴西的红色波旁咖啡樱桃。

第14-15页：在巴西米纳斯吉拉斯（Minas Gerais）州的波苏斯–迪卡尔达斯（Paços de Caldas）采收咖啡。

[1] 核果：外果皮薄，中果皮肉质，内果皮坚硬、木质，形成坚硬的果核。——编者注

第16页：来自巴西黄色波旁品种的咖啡浆果。红色波旁品种是最常见的咖啡品种，而黄色波旁品种则较难种植。

要为水、胚乳、碳水化合物、脂类、氨基酸、矿物质，还有最重要的咖啡因。咖啡因以白色、水溶性晶状体形态存在。

在90%的咖啡樱桃中，一颗樱桃内含有两颗豆子，而另外10%的咖啡樱桃中只含有一颗小而圆的豆子。在咖啡贸易中，这种含有一颗豆子的称为圆豆（peaberry），西班牙语称蜗牛壳（caracolito）。出现单颗豆子是由于两个胚珠中只有一个受精。圆豆很受欢迎，被认为品质更优，因为一颗豆子能得到咖啡樱桃中全部的糖分和营养物质，不像有两颗豆子的情况，彼此间会分享营养。

两个胚珠受精后立刻开始发育。咖啡樱桃前两个月发育十分缓慢，3～5个月时，生长开始加快，质量与大小都开始增加；6～8个月时，完成开花到完全成熟的过程，咖啡树的成熟时间取决于咖啡樱桃的品种和生长地。一般来说，阿拉比卡品种的成熟期为6～9个月，罗布斯塔品种的成熟期为9～11个月。海拔越高，温度越低（每升高180米，气温下降1摄氏度），咖啡樱桃的成熟速度就越慢。正因如此，高海拔地区咖啡的产量比低海拔地区的要少，但豆子个头更饱满，香气更浓郁，含更多的复合多糖。

咖啡樱桃最初为绿色，成熟后颜色变深。大多数品种的果实随着生长，颜色由绿色变成黄色。当它们最终成熟并可以采摘时，咖啡樱桃最终变成了深红色，这时它们含有65%的水分。

判断咖啡樱桃何时可以采摘，决定了最终的收成情况，因为果实的成熟度决定了葡萄糖含量的多少。咖啡樱桃中葡萄糖含量越多，越适合制作美味的咖啡。未完全成熟的咖啡浆果风味不够全，而熟过了的浆果风味也会大打折扣，因而对于种植者来说，适当时间采摘便是关键。每位种植者都有他们自己的采收方法。在肯尼亚，我拜访了一位咖啡农，他种植了几百棵咖啡树。他告诉我，当咖啡樱桃的形状、颜色和感觉与小芒果差不多时，他便会摘下一颗，以此判断是否适合采摘。阿拉比卡品种的咖啡樱桃一旦成熟后，如果采摘不及时，便很快会从树上掉落；而罗布斯塔的品种，果实成熟后可以挂于树枝，几个星期不掉。

植物学知识

咖啡属于茜草科（茜草科约有500属、10000余种）。仅咖啡属就约有100个品种，包括很多鲜为人知的品种。最重要的两个品种是阿拉比卡和罗布斯塔，而罗布斯塔是刚果种突变种（Coffee canephora）的一种。阿拉比卡和罗布斯塔都是用于咖啡贸易的品种。世界上人们主要消费的咖啡，60% 来自阿拉比卡品种的咖啡豆，其余基本来自罗布斯塔咖啡豆，而其他品种都可以忽略不计。阿拉比卡品种起源于埃塞俄比亚，现在几乎所有的咖啡生产国都会种植。这种品种的咖啡豆做出的咖啡口感更好，更香醇柔绵。

第19页：剔除未熟的咖啡樱桃。

阿拉比卡咖啡豆有一对染色体，属于自花授粉，但也会有异花授粉。最有名的阿拉比卡咖啡品种或亚种是波旁（Bourbon），其因复杂而均衡的香气备受人们喜爱。有黄色咖啡樱桃和红色咖啡樱桃的波旁品种，是如帕卡斯（Pacas）与卡杜拉（Caturra）这种高质量变种的基础，在咖啡市场上很受青睐。

罗布斯塔咖啡是刚果种突变种中最常见的一种，植株高大，树叶浓密，咖啡因含量较高（含 2.5%，阿拉比卡咖啡仅含 1.5%），香味清淡，酸度较低。罗布斯塔咖啡常与阿拉比卡咖啡混合后制成浓缩咖啡。浓缩咖啡中，罗布斯塔咖啡的产量因地域与烘焙者的不同而各异，尤其在意大利最为典型。在低海拔地区，罗布斯塔咖啡种植得更多，抗病虫能力更强。它不是靠自花授粉，而是需要如风、蜜蜂及其他昆虫等自然界的帮助授粉。因授粉量更多，罗布斯塔咖啡的总产量常比阿拉比卡的要高，混合后制成浓缩咖啡的同时，大部分罗布斯塔咖啡也用于制作速溶咖啡。阿拉比卡咖啡豆与罗布斯塔咖啡豆不仅风味不同，大小和形状也各有不同。阿拉比卡咖啡豆平均长 10 毫米、宽 6 毫米、重 0.5 克，而罗布斯塔豆比阿拉比卡豆略轻，梨沟也更直。

其他的咖啡种植品种，如利比里卡（liberica）和伊斯尔莎（excelsa）主要分布于西非和亚洲，仅占全球咖啡产量的 1% ~ 2%。或许非洲还将会发现更多的品种。在分子化学领域中，有关细胞层面的研究也在进行，这可能导致咖啡分类的改变。

自然干燥后的咖啡樱桃

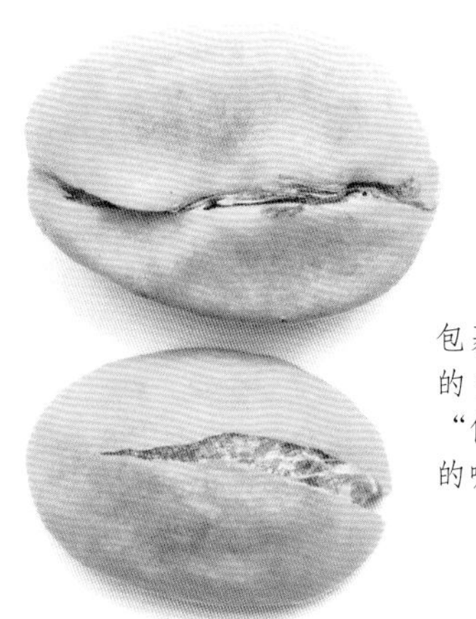

包裹在“羊皮纸”中的咖啡豆，或称为“佩尔加米诺”膜内的咖啡豆

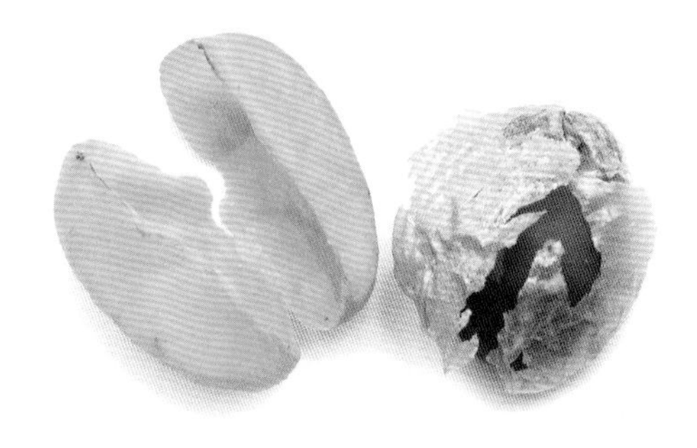

不带“羊皮纸”的咖啡豆，仍包裹于银色薄膜中

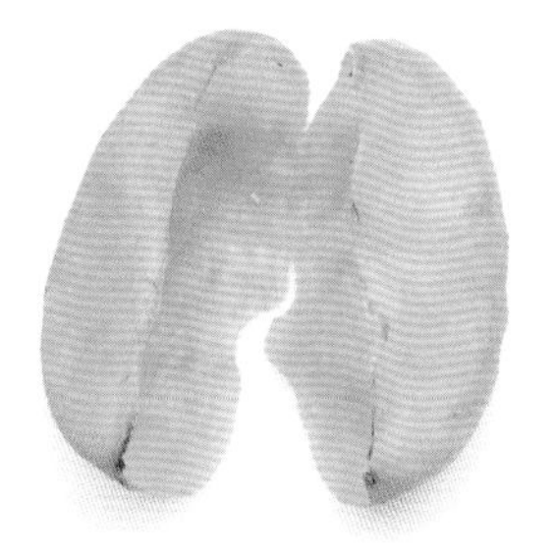

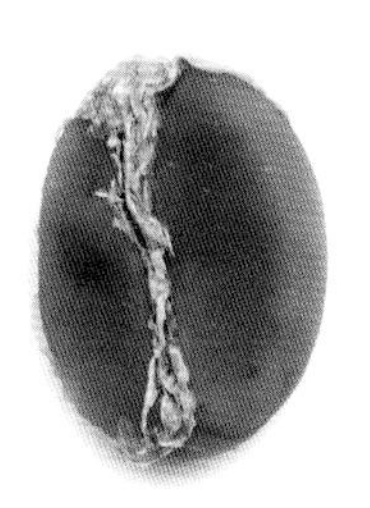

烘焙用的绿咖啡豆

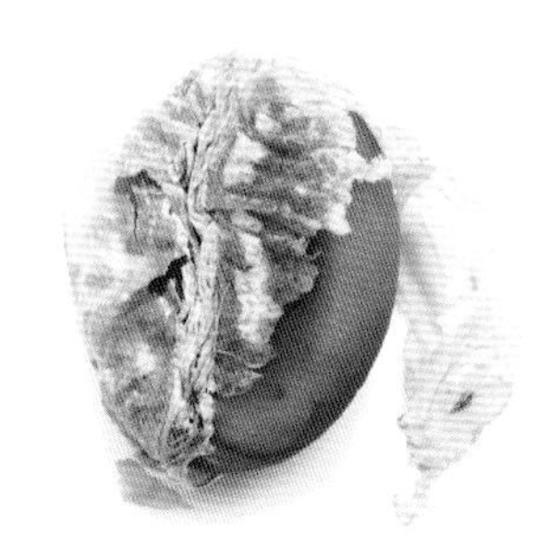

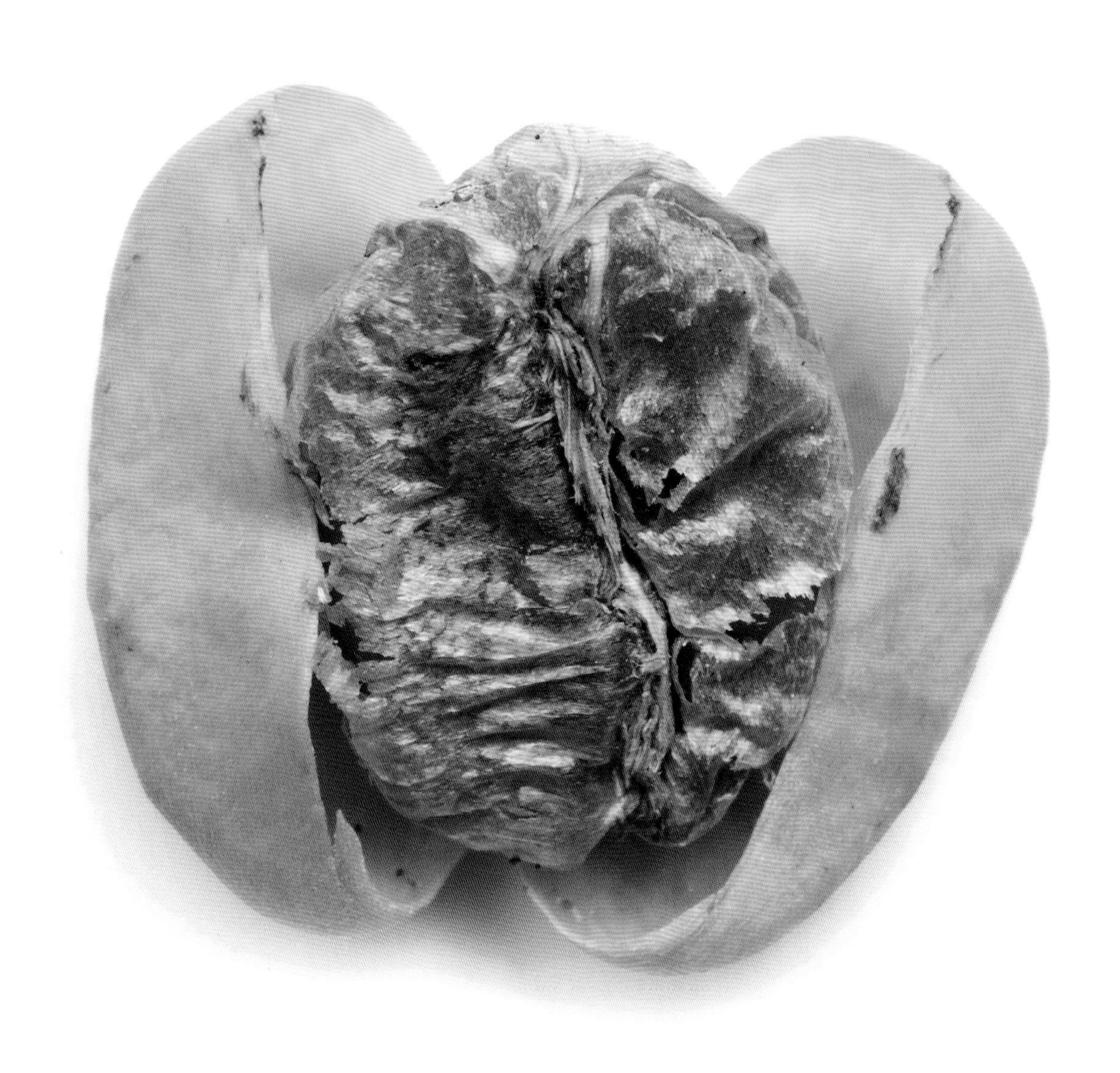

“羊皮纸”内的咖啡豆，包裹于银色薄膜中。

第23页：印度尼西亚卡蒂姆品种的阿拉比卡咖啡树树叶。

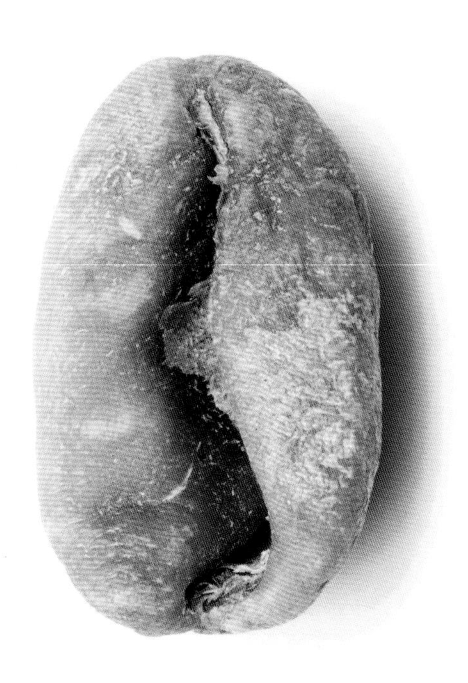

咖啡豆：阿拉比卡，自然干燥的瑰夏（Geisha）品种咖啡豆，晒干后带果肉，烘焙前与烘焙后
国家：巴拿马
农场：埃斯梅拉达
生长海拔：1200米
风味：清新怡人，带有明显的酸、甜香、西芹及茉莉花的味道

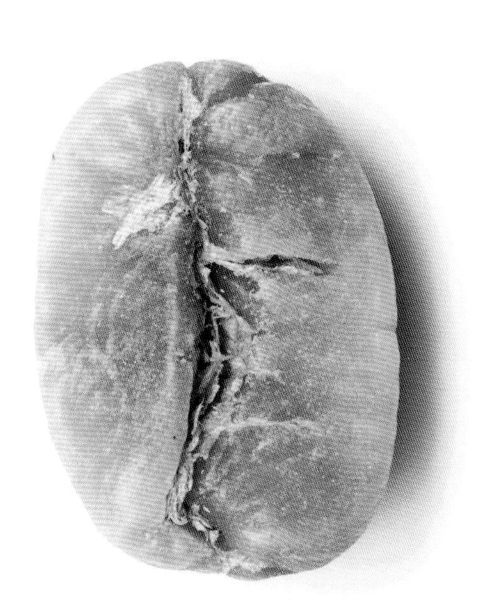

咖啡豆：阿拉比卡，卡杜拉品种，烘焙前与烘焙后
国家：洪都拉斯
地区：马卡拉（Marcala）
生长海拔：1200～1650米
风味：柑橘味，具有浓郁香气和均衡的味道

第25页：印度尼西亚罗布斯塔咖啡树的树叶，罗布斯塔的树叶通常比阿拉比卡的厚。

第26-27页：尼加拉瓜芬卡–拉库普利达（la Cuplida）农场中的咖啡采收。

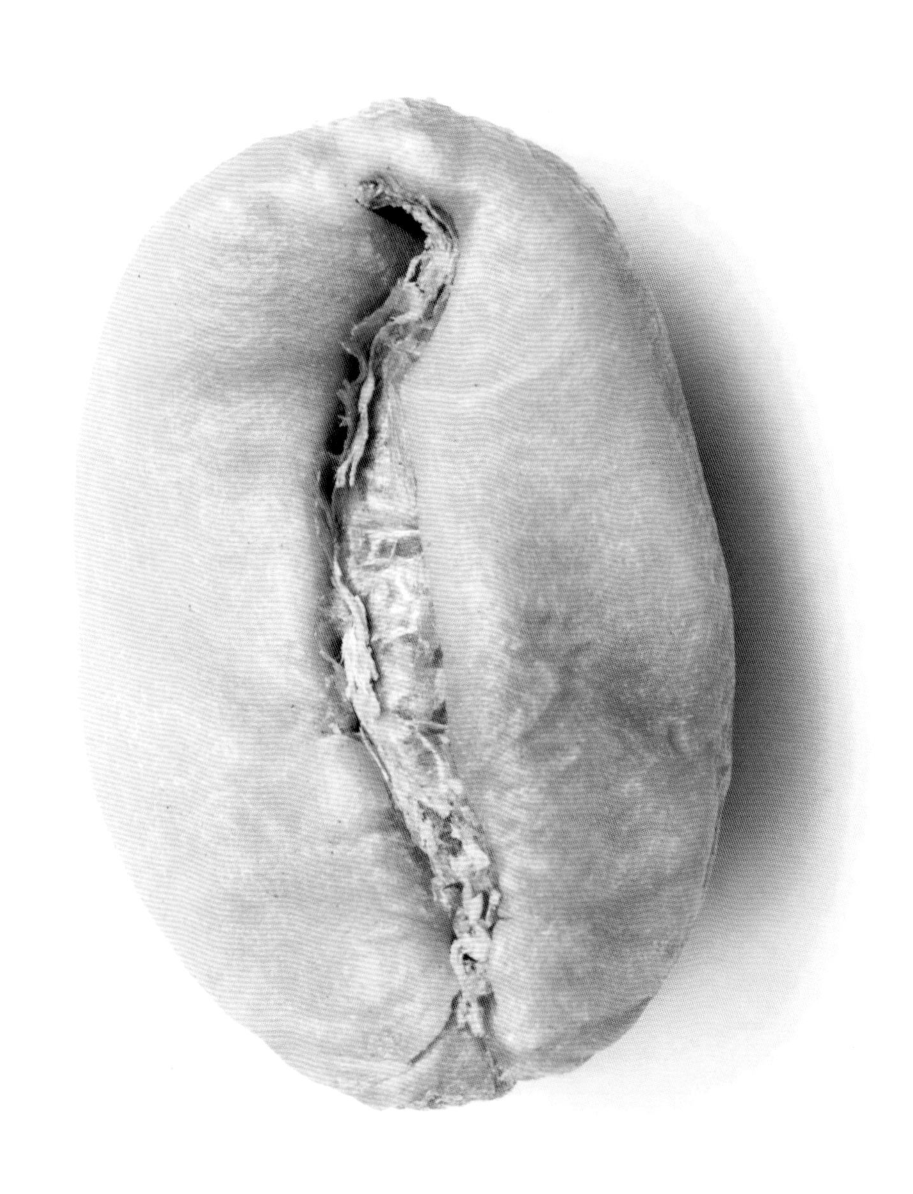

咖啡豆：阿拉比卡，烘焙前与烘焙后
国家：越南
地区：越南北部
生长海拔：不超过1700米
风味：清香、微酸，中等醇度，香味均衡

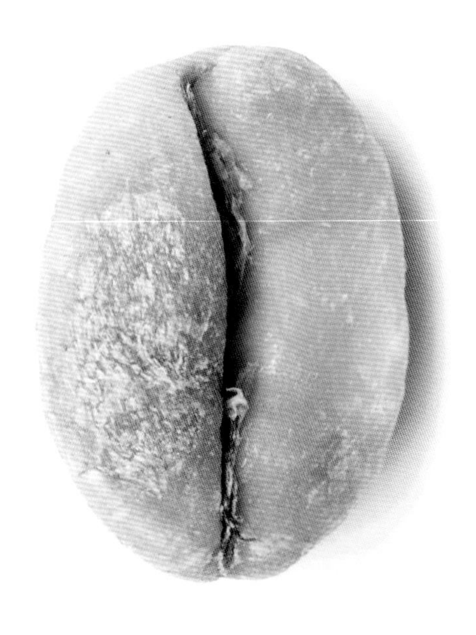

咖啡豆：阿拉比卡，新世界（mundo novo）品种，烘焙前与烘焙后
国家：巴西
地区：塞拉多草原
生长海拔：800～1000米
风味：沙质土壤赋予了咖啡豆的浓香口感，使其带有明显的坚果味，低酸度

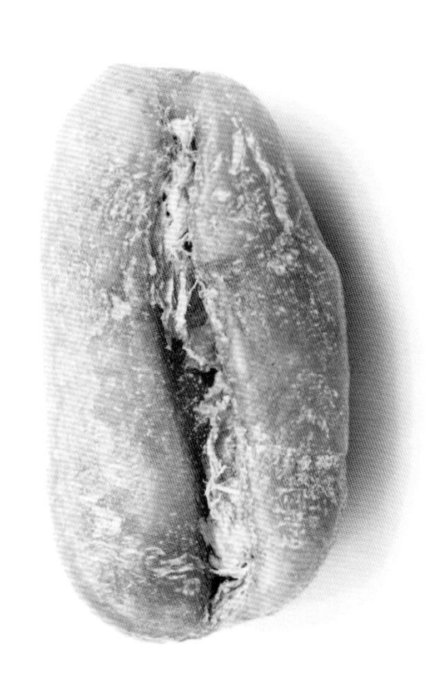

咖啡豆：阿拉比卡，74110号，烘焙前与烘焙后
国家：埃塞俄比亚
地区：吉玛（Djimmah）
生长海拔：1850米
风味：有明显的柑橘酸味，带有柑橘、香柠檬及茉莉花的香味

咖啡豆：阿拉比卡，卡斯蒂略（Castillo）品种，烘焙前与烘焙后
国家：哥伦比亚
地区：乌伊拉南部地区
生长海拔：1400米
风味：口感润泽，酸度高，果味均衡

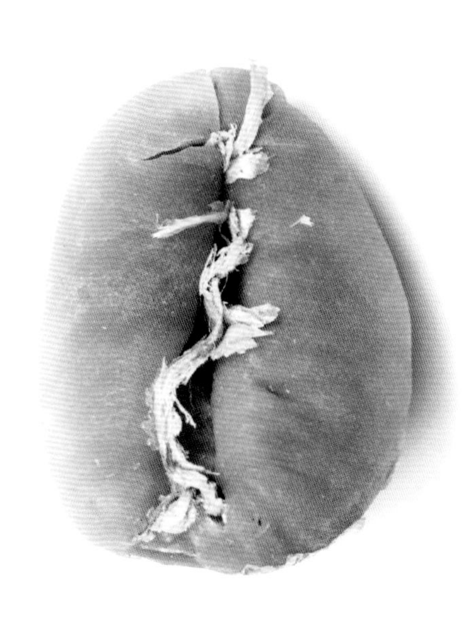

咖啡豆：阿拉比卡，苏门答腊曼特宁（Sumatra Mandheling）品种，烘焙前与烘焙后
国家：印度尼西亚
地区：苏门答腊岛
生长海拔：750～1500米
风味：混有香草、巧克力与甘草味，以及木质香、焦糖、炭烧味，回味悠长

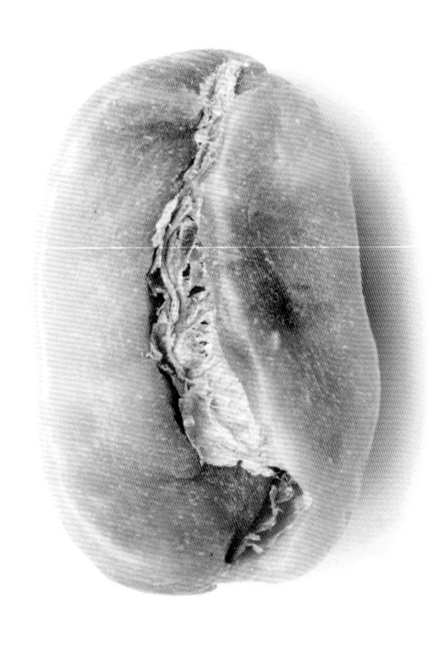

咖啡豆：阿拉比卡，象豆或马拉古佩（maragoupe）品种，烘焙前与烘焙后
国家：尼加拉瓜
地区：马塔加尔帕
生长海拔：1100～1500米
口味：细腻丰富，有蜂蜜与香草的香味，酸度适中，醇度为中度到轻度

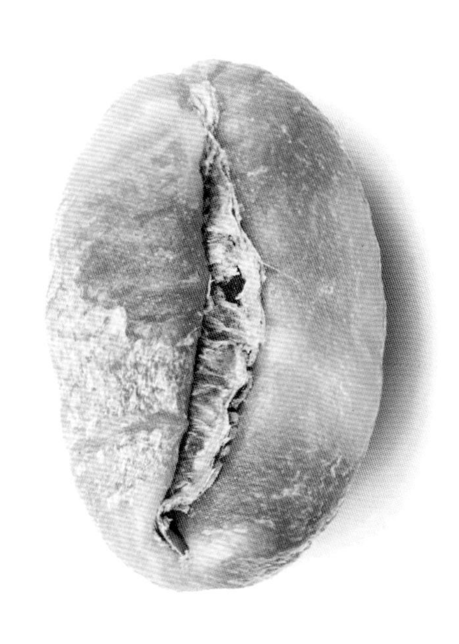

咖啡豆：阿拉比卡，卡杜艾（catuai）品种，烘焙前与烘焙后
国家：尼加拉瓜
地区：希诺特加（Jinotega）
生长海拔：1100～1500米
口味：醇度优质，酸度适中，有柠檬柑橘味，清香型

咖啡豆：阿拉比卡，波旁珠粒，烘焙前与烘焙后
国家：巴西
地区： 米纳斯吉拉斯
生长海拔：800～1000米
口味：高醇度，带有均衡的果香味与独特的酸度，香味和谐

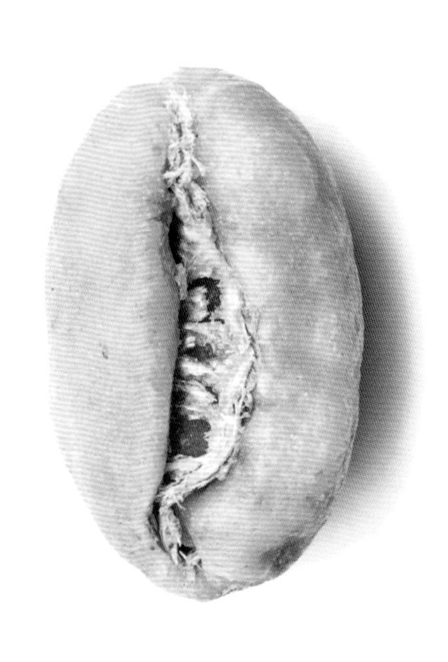

咖啡豆：阿拉比卡，卡杜拉品种，烘焙前与烘焙后
国家：秘鲁
地区：禅茶玛悠（Chanchamayo）
生长海拔：1200～1800米
口味：中等醇度，酸度适中，有坚果和巧克力的味道

咖啡豆：阿拉比卡，K7品种，烘焙前与烘焙后
国家：澳大利亚
地区：拜伦湾（Byron Bay）
生长海拔：80米
口味：有明显的低酸度，中等醇度，混以坚果、烟草和柑橘味

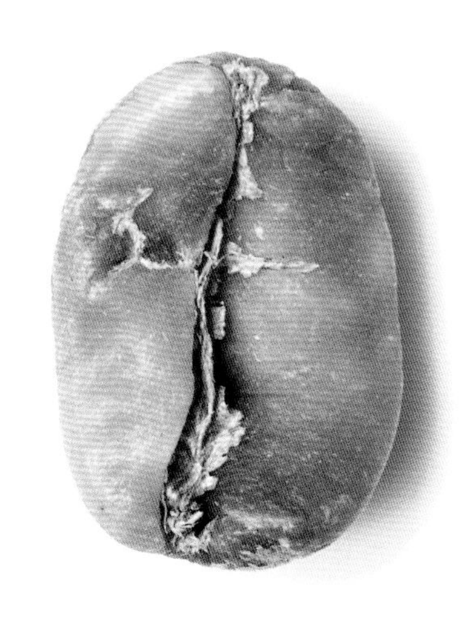

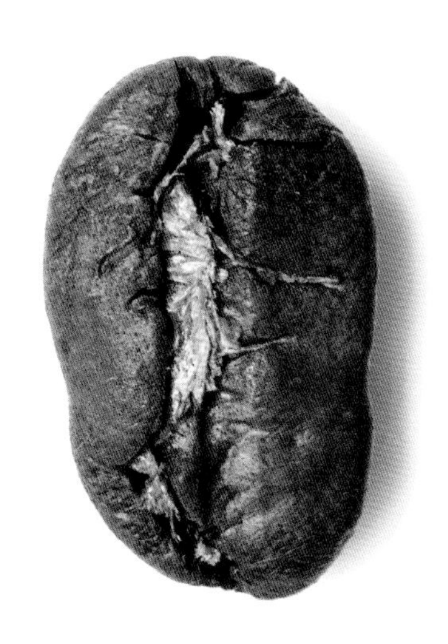

咖啡豆：阿拉比卡，帕卡玛拉（pacamara）品种，烘焙前与烘焙后
国家：萨尔瓦多
地区：查拉特南戈（Chalatenango）
生长海拔：1200～1800米
口味：有非常均衡且优质的醇度，混以红苹果、血橙及梅子的味道

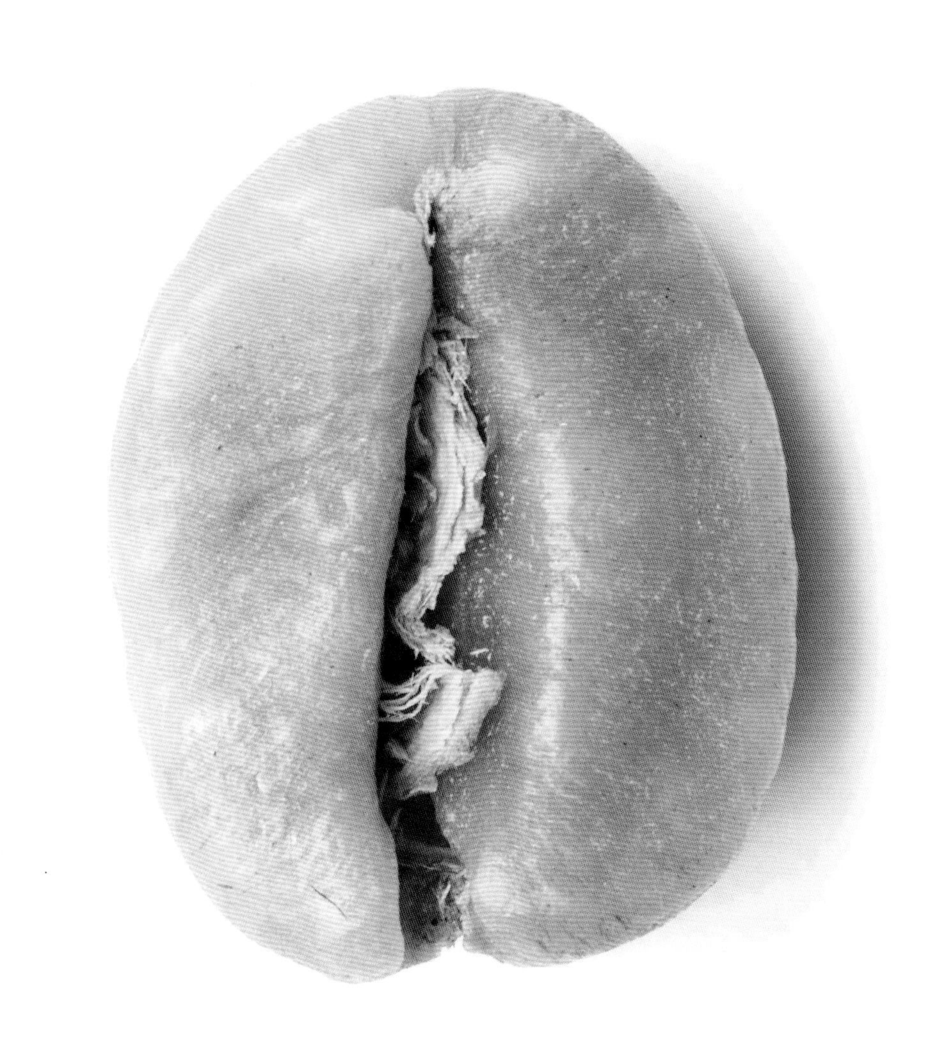

咖啡豆：阿拉比卡，迪比卡（typica）品种，烘焙前与烘焙后
国家：乌干达
地区：埃尔贡山（Mount Elgon）
生长海拔：1300～1900米
口味：口感柔和，醇度均衡，混以茶及橘子的果味

咖啡豆：罗布斯塔，烘焙前与烘焙后
国家：越南
地区：达克拉克（Dak Lak）
生长海拔：400～800米
口味：高醇度，有苦味，咖啡因含量高，带有杉木的芳香

从种子到咖啡树

一棵精心种植的咖啡树寿命可达80年，但经济寿命却很少超过30年，而实际上，咖啡树的高产期只有20年左右。据咖啡产业国的报告指出，全球40%的咖啡树应以5年为周期重新种植与更新。这意味着，一个咖啡种植园必须定期更新或更换10%～15%的树存量。这可以通过三种方法来实现：一是育种成苗来替代老树；二是克隆现有的树，培植出与原树豆子味道完全一样的复制品；三是将已生根的幼苗嫁接到根深且稳固的老树根上，这种方法也用于培育杂交品种。例如，根深且抗病能力强的罗布斯塔品种，可以与香味更浓郁的阿拉比卡品种的嫩根嫁接。杂交最终将不同咖啡品种的耐久性与风味相结合。理想情况下，种植咖啡树应在海拔1800米以上的地方，这样低温环境就可以减缓树的生长速度。

在优质的土壤与环境温度适宜的条件下，即气温为30～35℃、土壤温度为28～30℃，咖啡种子经30～60天开始缓慢发芽。新采摘的阿拉比卡咖啡种子在32天内发芽，采摘后储存8周后的种子在50天内发芽，而旧的种子在42～70天内发芽。一旦种子破土而出长成幼苗，也就是我们所称的“小士兵”或“蝴蝶”阶段，种植者便可将其小心翼翼地从苗床移栽到植床，在那里继续培植。阿拉比卡幼苗需要在苗床上生长9～15个月才能移入种植园，而生长更快、更强壮的罗布斯塔幼苗则只需要6～8个月。在移入种植园前，为使植株长得更强壮，需在6个月后将30%遮挡住幼苗

第43页：尼加拉瓜塞巴科（Sebaco）的开发实验室。一株克隆的阿拉比卡植株将在实验室的环境培植后，再移到户外种植。

第44-45页：巴西波苏斯-迪卡尔达斯种植园内，单一栽培的咖啡树。

CACHOEIRINHA

第46页：巴西的咖啡工人在更新咖啡树。

的植物移走，9 个月后再移除 30%。一旦这些幼苗长到 40 ~ 60 厘米高，它们的茎便像铅笔一样粗，有 3 ~ 4 根平行的枝干、10 对树叶，这时就可以移栽至种植园了。

种植咖啡树的土壤一定要深厚、肥沃且排水性良好。过于潮湿或碱性太强的土壤，都不利于咖啡树的生长。除了气候因素外，最终收成的多少，还取决于咖啡树能否从土壤中摄取足够的营养，而其中的氮和磷是咖啡树生长中最重要的营养物质。从种子发芽到咖啡树长成后第一次采摘，大约需要 3 年时间。收获季节，咖啡树的叶子油绿，像长矛一样坚韧。叶柄与树枝的交接处，生长出大片的花簇，每朵花最终都会结果，长出咖啡樱桃。

开花期是咖啡树生长周期中极为重要的阶段，也是决定最终收成的关键因素。当条件适宜，光照充足、雨水足够、营养均衡时，花期便开始了。开花时，咖啡树会将所有的水分都供给花苞，而长出花苞的最低温度是 18℃。适量的水分是长出花苞的必要条件，而对咖啡树的整个生长期来说，只有具备充足的水分，才能保证咖啡树所需的营养。此外，理想情况下，咖啡树每天的日照时间不应少于 7.5 小时。在南半球，如巴西，咖啡树的花期通常在 8 ~ 10 月；而在北半球，如中美洲地区，花期多在 1 ~ 3 月。赤道附近的干旱与雨季气候使咖啡树有两个开花期与结果期，以及两个收获季。

一棵咖啡树产出的花粉量相当可观，约有 250 万个花粉粒，可为 2 万 ~ 3 万朵花授粉。花粉粒可随风飘至 100 米远。适宜条件下，花粉粒传播迅速快，落在雌蕊上并受精，1 ~ 2 小时便可完成授粉。授粉后仅仅几个小时，散发着茉莉花香的美丽白色花朵便开始枯萎，2 天内所有花朵凋谢，这时咖啡果实开始生长。

克隆

在咖啡生产中没有用基因操作，但可以克隆现有的植株，以确保咖啡树的再生与种植园活力的不断恢复，从而保持咖啡树的品质。风会将种植园其他植物上的花粉带到咖啡树上，这使现有的咖啡树每年可能有 1% 的变种，或许这是件好事，但也并不总是如此。特定品种的咖啡树已经适应了特定的土壤，并在此地区产生了抗病能力，也培育出了所需的风味，而变种会影响到咖啡的风味与抗病能力。应对自然界变化可以采取的方式是：或保护咖啡树不受外界影响；或在不改变咖啡风味的情况下，通过克隆技术培植所需的品种。

来自同一母体的植株通过无性繁殖（非有性繁殖、非授粉），如砍断树干、体细胞胚胎发生（如部分树叶）及嫁接，均为克隆。所有属于同种类克隆的咖啡树，有着同样的基因和形态，因此不能相互授粉。克隆的过程使这些咖啡树变得不育或不能授粉，然而，克隆后的不同咖啡树在一定程度上可以相互授粉，这取决于物种之间的差异。

尼加拉瓜的芬卡－拉库普利达（Finca la Cumplida）农场，在克隆和杂交技术方面成果显著。10年来，该农场在马塔加尔帕省塞巴科的亿康（ECOM）实验室进行秘密研究。该实验室被认为是建立和保存咖啡物种独特性的全球标准。

“10年前，我们就开始寻找既能自花授粉又能抵抗叶锈病的克隆体，”ECOM实验室的负责人乔斯·纳瓦罗（José Navaro）说，“现在我们正在用无性繁殖方法来培植一种植株，提取叶子中1平方厘米的DNA进行培植，直到最终长成咖啡树。”他解释说，整个加工过程分为10个不同步骤。纳瓦罗一直在研究的技术被称为“体细胞胚胎再生”。

第49页：出售给苗圃园的咖啡种子。

第50-51页：位于巴西米纳斯吉拉斯州波苏斯－迪卡达斯的拉伊纳（Rainha）咖啡种植园。这里处在咖啡带的南部，咖啡树为单一栽培，图中为新种植的咖啡树。

研发步骤

取植物叶片部分的DNA物质（来自植物的胚或胚组织），形成细胞，产生胚。之后胚繁殖分化，形成幼叶，发育成植株。在温室或苗圃中培植植株，使其适应外界环境，最后移至种植园种植。

第53页：印度尼西亚亚齐省阿拉比卡咖啡树的咖啡花。两天内花朵凋落，咖啡樱桃面向阳光生长。8个月后，咖啡樱桃成熟，可以采摘。

第54-55页：实验室环境中的克隆过程，将两个不同品种进行嫁接。

第56-57页：印度尼西亚苏门答腊岛亚齐省阿拉比卡咖啡树的苗圃。

第58-59页：埃塞俄比亚契卡-卡贝尔（Cheka Kabele）吉玛地区法赫姆咖啡种植园苗圃。

第61页：生长了15年的咖啡树，距地面30～50厘米，有2～4个新枝。

第62-67页：巴西拉伊纳咖啡种植园新种植的咖啡树。

第68-69页：来自印度尼西亚未成熟的罗布斯塔咖啡樱桃，其典型特征为：个头小，咖啡叶大而稠密。

第71页：肯尼亚两种不同品种的咖啡树嫁接后，结合了风味与抗病能力。

第72-73页：罗布斯塔种的咖啡树比阿拉比卡种的更强壮，抗病能力更强。

第74-75页：从尼加拉瓜湖上看尼加拉瓜火山。

采收

在咖啡收获季，采收后的每一步，都是为了保证咖啡樱桃的质量并使它们更为优质。咖啡树通常生长在高海拔的陡坡上，在此居住的种植者，因地理位置原因生活得非常艰难。咖啡树树枝上缀着的果实，通常各生长阶段都有：从花蕾到花苞，再到盛开的花朵；有成熟的红果、也有未成熟的绿果。正因如此，挑选果实与采摘的过程，常显得更为复杂。因各地咖啡树质量、经济产量与实际情况不同，种植者须根据实际条件来采收。人们也在此过程中，开发出三种不同的采收方法。

为获取高品质的咖啡樱桃，第一种方法是手工采摘，这是最好的方法，当然，成本也最高。采收者先挑选出已完全成熟的果实进行采摘，其余未成熟的，留到日后再采摘。采摘工人挑选成熟的果实，每天可以采摘 50 ~ 120 千克。一棵普通咖啡树平均咖啡年产量为 2.5 千克，相当于要采摘 2000 颗咖啡樱桃。每颗咖啡樱桃中含有 2 粒咖啡豆，这对消费者来说，意味着烘焙后的咖啡量不到 0.5 千克。但不同地区差异很大：在肯尼亚，每棵咖啡树的平均产量为 1 千克；在埃塞俄比亚，法赫姆咖啡种植园中每棵咖啡树的产量为 4 ~ 5 千克；而在越南，罗布斯塔的年产量则达到 20 千克。

手工采摘咖啡樱桃虽然是个艰苦的过程，但对全世界供应咖啡的数以百万个小农场与家庭种植者来说，这是可以克服的。家庭种植者对自己种

第77页：印度尼西亚苏门答腊岛亚齐省的咖啡采收。

第78页：在一天的忙碌采摘后，尼加拉瓜的咖啡工人走在回家的路上。

第80-81页：在印度尼西亚苏门答腊岛亚齐省，种植者手工拣选采摘咖啡樱桃。

植的规模不大的种植地，可以自行监控，待咖啡樱桃成熟后，在成熟高峰期采摘。而对那些种有几十万甚至上百万棵咖啡树的农场而言，解决办法便要难得多。虽然有些人提出混合不同成熟度的咖啡豆，可以让咖啡风味更丰富，也能给消费者更多体验，但并非所有人都对此认同。相反，一些人认为，红色咖啡樱桃芳香油的含量较高，有机酸含量较低，香气浓郁，口味适中，更为优质。精细化采摘是咖啡生产中最为重要的环节之一。

采收的第二种方法是手工一次性剥离整枝上的所有果实，这一过程也被称作“挤奶”（Milking）。它意味着所有的咖啡浆果，不管成熟与否，都会被一起剥下，之后到加工过程中再分拣。咖啡工人一次性剥下挂满树枝的所有果实，包括成熟的与未成熟的，这种方法的采摘量约为每天120～250千克。它的优势在于，即使在机器无法到达的崎岖地带，人们依然可以完成采摘。而对采摘者来说，反复的手工采摘成本高、效率低，实际操作性也并不强。

用收割机采收是最经济可行的方法，也是采收咖啡的第三种方法。一个人便可独自完成大片土地的采收，这也降低了人工成本。在澳大利亚，与咖啡收入相比，人工劳动力成本很高，因而用机器采收是咖啡生产的基础。在所需时间内，一个人可以使用收割机毫不费力地采收50～60000棵咖啡树。机器采收的优势还包括无须修剪咖啡树，这样即便长在最高树枝上的果实，也一样可以采收到，但缺点也不容忽视。收割机滚动连续地作业，穿梭在一排排咖啡树之间，长时间振动的玻璃纤维条（传动带），不加选择地摇晃咖啡浆果，将不同成熟度的浆果一起摇落。这使超过10%的未成熟咖啡浆果，在落地后不得不废弃，这也是澳大利亚咖啡公司总经理理查德·布拉德伯里（Richard Bradbury）谈到的缺点。此外，还有很多残枝残叶需要分拣。使用收割机，降低了咖啡的生产成本，但一定程度上，又是以牺牲质量为代价的。

每个咖啡种植者都需面临的问题是：手工采摘的成熟咖啡樱桃所占比例越高，咖啡的品质就越好，但管理费也会越高；而混合采收的比例越高，咖啡的品质越差，但成本也会降低很多。尽管如此，一些国家已经表明，不管使用哪种采收方法，他们都能生产出高品质的咖啡。

第82-83页：巴西咖啡农场的采摘场景。采摘工人从树叶与纷杂的树枝间，分拣出咖啡樱桃。

第85页：阿拉比卡咖啡树。

第86-87页：澳大利亚维鲁庄园中收割机在现场操作。

第88-89页：巴西帕波苏斯–迪卡达斯种植园的采摘工人。

第90-93页：尼加拉瓜拉坎普利达农场完成当天的采收。

第94-95页：尼加拉瓜芬卡–拉库普利达农场的咖啡工人，在一天的辛苦采收后，走在回家的路上。

第98-99页：修剪咖啡树。这种咖啡树是印度尼西亚的典型品种。修剪后的树枝向下弯曲，样貌独特，在当地被称为“骨架剪枝”。

AMERICAN

加工处理

采收后的咖啡樱桃，有三种加工方法：水洗法、干燥法与半干燥法。使用哪种方法，取决于该生产地区的传统、咖啡预期的品质、当地经济条件与用水的便捷程度。这些方法以不同方式影响着咖啡的品质与味道，其中一个日益流行的趋势是，这一阶段的生产过程会生产出特定的咖啡品质。从采收咖啡豆到包装封袋、准备运输，通常需要 1 个月。

第101页：埃塞俄比亚首都亚的斯亚贝巴法赫姆咖啡种植园出口仓库中，人们手工拣选出绿色未成熟的咖啡浆果。

第102-103页：埃塞俄比亚咖啡工人扛运着带外皮的咖啡豆（佩尔加米诺）。

水洗法

从使用小型机器采收的家庭农场，到可加工处理数百万棵咖啡树产出大量咖啡豆的大型工厂，都可以使用水洗法。水洗法需要较大的投资及大量的用水。操作时须将成熟的咖啡樱桃从未成熟的浆果中分离出，过滤残渣、树叶及果核。实现这一目的的方法之一是浮选法，即在水中使用密度分离法。较重且已经成熟的咖啡樱桃含水量为 65%，会沉于水中；而未熟的咖啡浆果质量及含水量只有成熟浆果的一半，会漂于水面，这便很容易分拣。无论采用哪种加工处理方法，关键是要减少咖啡浆果的湿度，从含水量超过 60% 减少到 11% ~ 12%，以免处理后的咖啡豆在销售或是运输前发霉。

在世界各地，阿拉比卡咖啡豆采用的主要加工方法是水洗法。此方法加工出的咖啡豆颗粒均匀、品质优良，备受买家青睐。

使用密度分离法即水洗法分离出的成熟咖啡浆果质量高，然后用碎浆机（pulping machine）分离出外壳和果肉，然后再将其剔除，或也可用作肥料。

将咖啡樱桃的外壳剥离后，最终留下了果核，核内有两粒咖啡豆，包裹在“羊皮纸”薄膜内。将咖啡豆集中放入发酵池中，之后根据不同品种与产地发酵 12 ~ 80 小时，直到活性酶将剩余的黏液完全分解。发酵后的咖啡豆在冲洗干净后，进入干燥阶段。可以摊开晾在宽阔的混凝土露台上，于阳光下晒干，也可放入干燥机烘干。干燥处理过程需十分小心：若干燥不够，咖啡豆上留有水分，便容易滋生霉菌；而若干燥过度，咖啡豆又会脆裂。这一过程需对咖啡豆仔细监控，翻面、铺开，避免咖啡豆摞得过厚。一旦咖啡豆的湿度降到 12% 左右，便会在进入最后两道工序前放置数周，之后再运至世界各国的咖啡店。让咖啡放置一段时间显然并没有科学依据，但事实表明，若没有这一过程，咖啡风味会有一种令人不悦的“未熟”味道，而将咖啡豆放置一段时间后再送达遥远的目的地，仍能保持很好的风味。咖啡豆是一种易腐烂的食品，不同国家储存方式不同，最多可储存 1 年左右。未熟的青豆保存时间更长，但主要的油脂会随时间大量流失。

干燥法

干燥法是一种自然处理方法，是最古老的咖啡处理方法。干燥法不需使用过多的机器设备，也不需要大量用水，只需将咖啡豆在阳光下晾晒，薄薄铺开，一层层晒干。果皮、果肉及“羊皮纸”薄膜此时都还没有去除。使用这种方法时，未成熟的、成熟后的与熟透的咖啡浆果会混合在一起采收，也还会连带一些树叶、小树枝及其他杂质。因混合在一起的咖啡浆果不同成熟阶段的都有，它们各自的温度也不一样，应挑选后分别干燥，以达到干燥均匀的效果。

咖啡豆干燥后，在达到含水量 12% 的预期效果时，便可用脱粒机将外壳、果肉、“羊皮纸”薄膜去除，以取出绿色的咖啡生豆。采用干燥法加工的咖啡，常被看作是优质产品，有更好的市场前景。世界上几乎所有的罗布斯塔咖啡，以及埃塞俄比亚咖啡、也门与巴西的阿拉比卡咖啡，均采用干燥法加工。即便如此，这种自然处理咖啡的方法还是引起了咖啡界的争议。从某些方面看，它的不确定性强，结果无法完全控制。加工过程中可能还会使咖啡豆破损，或是混入马厩、肥料的发酵味。不过从某一方面看，它也是处理生豆的好方法，因为咖啡豆可以在干燥过程中，继续从带有甜味的果肉中吸取香味。此外，高品质的咖啡豆也被认为富含更复杂的甜香，如热带水果、草莓和蓝莓等自然干燥后的味道。若有些人觉得含野生水果的味道过多，那或许是咖啡里的味道太丰富了。

半干燥法

这种方法也称“半捣碎法”或“自然制浆法”，于20世纪90年代引入巴西。它是一种结合水洗法与干燥法的混合方法，可以产生更加均匀与细腻的咖啡豆。在自然水洗法的去皮过程中，去壳机去除果皮和果肉。在干燥法中，不去除任何部分，整个豆子一起干燥；而半干燥法中，去除了咖啡浆果的外壳，剩下部分的果肉和豆子一起干燥，同时还保留了部分黏液。干燥后可以不经发酵直接脱粒，这使咖啡豆有了一种全新的风味。目前市场上，这种处理法做出的咖啡越来越受欢迎，它们的品质优良，尤其在热衷低酸度的人群中更为流行。这些人喜欢带蜂蜜般的甜味、倾向浓郁的口味。不同国家中，这种加工方法也有地域差异。在中美洲，如哥斯达黎加和萨尔瓦多，半干燥过程很少使用水；因咖啡豆长时间暴露于像蜂蜜一样甜的果肉中，西班牙语称为“蜜糖（Miel）、蜜处理法（Honey Process）”，在印度尼西亚称为“湿刨法”（giling basah）。不同之处在于，脱粒前的咖啡豆，只干燥到30%～35%的含水量，这时去除“羊皮纸”薄膜，再进行第二次干燥。之后咖啡豆呈现出明亮的沼泽绿色，酸度低、味道更浓郁。用这种加工方法做出的咖啡，会带有如烟草味、皮革味、香料味及泥土味，究竟是好是坏，人们各有所见。

品质等级

为定义咖啡的品质，人们使用了很多术语，如精品咖啡、极品咖啡、优质咖啡与低质咖啡，它们的意思也并不完全一样。

精品咖啡

精品咖啡，用于描述高品质的咖啡，其通常在微型地块种植，不过有时也作为大型种植园中的一部分，在种植园中年产量只有 50 ~ 100 袋。加工处理咖啡豆的全程都是按最高标准，即依据精品咖啡协会（SCA）的国际标准。若杯测满分为 100 分，精品咖啡可得 80 分。巴拿马、肯尼亚、埃塞俄比亚和哥伦比亚，都是生产精品咖啡的主要国家。

极品咖啡

通常情况下，极品咖啡也指品质高的咖啡，但因没有统一标准，实际上它们的品质通常差异很大。极品咖啡由不同国家、地区及种植者自己来定，他们决定着是否将其种植的咖啡定义为极品咖啡。因此通常情况下，它的品质水平取决于定义者。

优质咖啡

优质咖啡在业内也称为“主流咖啡”或“日常咖啡”，其同样是一种

TYPE 04
NATURAL NY 2/3 PEAS
FULL FINE CUP - UTZ

高品质咖啡。但即便如此，各国也均有主观评判。北欧地区约 90% 的咖啡是优质咖啡，杯测分数在 81 ~ 90 分（满分 100 分）。

第110页：尼加拉瓜拉坎普利达农场中，咖啡工人卸下一天的收成，筛选咖啡浆果。

第111页：尼加拉瓜芬卡–拉库普利达农场中，通过水洗漂浮法从未熟的咖啡浆果中分离出熟的咖啡樱桃。成熟的浆果沉到底部，未熟的浮于水上，待下一步处理。

第112-113页：巴西的波苏斯–迪卡尔达斯种植园中，将成熟的咖啡浆果与未熟的分离。

未达标的低质咖啡

指所定义的咖啡，杯测分数不足 50 分（满分 100 分）。

分拣和分类

采摘与加工后，绿色咖啡生豆须经过分级与分类。清除破损和变色的豆子后，剩下的按质量分拣。一般来说，约有 40% 的咖啡豆能达到高品质的销售标准，而剩下的大部分则卖给速溶咖啡企业。品质低的咖啡豆也可作为填充物，一同卖给购买高品质咖啡豆的企业。巴尔干半岛诸国便购买了大量低品质的咖啡豆。此外，咖啡生产国常也允许当地居民购买并饮用品质不高的咖啡。

分拣的目的是生产和销售“杯测品质”分值高的高品质咖啡，并保证商业贸易的最佳效果。为了保证高品质，通常需要手工筛选咖啡豆，需要“双重分拣”，也就是说，要经过两次手工分拣与筛选，才能有更高的质量保证，不过这类咖啡豆的价格显然也会更高。在埃塞俄比亚和印度尼西亚，甚至还有“三重分拣”。

关于咖啡品质到底由何决定，观点各异。通常情况下，与咖啡树的品种、生长地的地形条件和咖啡豆的生长、收获、储存、出口前的准备工作与运输过程等综合因素都有关系。品种差异与生长地的地形条件是恒定不变的，这是影响咖啡内在品质的主要原因；而天气条件变化的不可控，也导致了咖啡品质的不同。生长期、收获期、储存、出口前的准备工作与运输环节，都可能受到来自不同方面的影响。而整个处理过程都与人有关，这导致人成为决定咖啡最终品质的关键因素。

关于咖啡豆的质量，其实没有统一的国际质量标准，各国各有标准。但尽管如此，多数是依据以下因素：

生长海拔与地区；

植物多样性；

加工方法：水洗法、干燥法或半干燥法；

咖啡豆的大小、筛孔的尺寸，有时也包括咖啡豆的形状与颜色；

烘焙后豆子的外观、风味、纯度与密度。

咖啡品鉴者对咖啡的品质等级鉴定为：

巴西桑托斯 NY2/3 品种：筛孔 17/18，烘焙精细，极为柔润，杯测品质优良。

埃塞俄比亚吉玛 5 号品种：日晒风干，天然，吉玛地区 5 号品种的阿拉比卡咖啡分级量表依据筛孔、缺陷数及杯测品质来定。

瑕疵咖啡

带有瑕疵、品质不够优良的咖啡豆，不能作为优质咖啡来出售，而识别并剔除有瑕疵的咖啡豆，是个持续且重要的过程。剔除这些瑕疵豆，才能保证其他咖啡豆的整体品质。尽管过去 20 年，国际上不断研发并改进各种鉴别方法，但绿色生豆的物理瑕疵仍很难发现与识别。为了帮助购买者、农学家与质量控制者选购，目前制定的国际标准为：ISO 10470《绿色生豆缺陷参照图》（*Green Coffee-Defect Reference Chart*）。某种程度上，物理缺陷表现为咖啡豆颜色、形状、风味的不足，以及有残次，而其他缺陷只能通过咖啡的味道和饮用时的口感才能发现。

识别绿色生豆缺陷的方法根据生长中的缺陷有以下方面：

咖啡树、自身的遗传基因；
环境、土壤与气候；
不同类型的病害，如瘟疫；
种植、水源和（或）营养物质缺乏、霜冻、杂草的干扰；
由生长期不足及采收方法不当导致的缺陷。

Pinhalense

USE PROTETOR
DE OUVIDO

因加工过程操作不当，使咖啡豆受损

碎浆机、水洗机、干燥机、发酵机、脱粒机、清洗机等设备因操作不当，造成了咖啡豆的缺陷。

在加工或储存过程中使咖啡豆受损

加工不足和（或）储藏过程管理不当造成的咖啡豆缺陷；

储存条件不佳或仓库遭虫害造成的咖啡豆缺陷；

部分咖啡豆未完全干燥；

脱壳和脱粒后的咖啡豆，因清洗不干净造成的缺陷。

不同形式的缺陷

咖啡豆若全部变黑或部分变黑，是因过熟的咖啡豆发酵过度，或是加工过程不当造成的。

咖啡豆呈黄褐色或红棕色，并伴有醋味或酸味，是最严重的缺陷之一，在巴西被称为“里奥米纳斯”（riominas）。

若咖啡豆有腐烂的气味，表示豆中有霉菌或细菌，通常是过度发酵的原因，但可惜这种情况人无法看到，因而可能会感染到正常的咖啡豆。

如果咖啡豆中掺杂有部分果壳或果肉，购买方会拒收。若因机器故障或脱粒过程中的错误操作导致咖啡豆中掺有“羊皮纸”薄膜，那购买方同样会拒收。

咖啡豆上有孔洞表示遭虫蛀，虫已在豆中产卵并长成蛆。

个头小且外壳起皱的咖啡豆，生长期因缺水而带有草香味，烘焙过程中不会像其他咖啡豆那样变黑。

第115页：水洗法，剔除果肉，将“羊皮纸”带薄膜的豆子集中放置在发酵池。

第116-117页：在巴西，将成熟的咖啡浆果从未熟的浆果中分拣出来。

第118-119页：剔除果肉：剔除咖啡浆果中的果肉部分。

第120-121页：从空中拍摄的尼加拉瓜马塔加尔帕的塞巴科农场，0.28平方千米的露台用于晾晒咖啡浆果。

08

第122-123页：印度尼西亚苏门答腊岛亚齐省的咖啡工人在手工筛选生咖啡浆果。

第125页：埃塞俄比亚咖啡工人手工筛选生咖啡浆果。

第126页：印度尼西亚苏门答腊岛亚齐省，当地小农场主将咖啡浆果集中在一起，剔除果肉。

第127页：咖啡工人收集晒干后带“羊皮纸”薄膜的咖啡豆，准备进入下一加工环节。

第128-129页：印度尼西亚棉兰市，将晒干后的绿色生豆铲入机器，进行质量筛选与分拣。

第130-131页：印度尼西亚棉兰市，工人们将咖啡豆装车，等待运输。

ISI
PULSA

16
17

DILARANG MEROKOK

咖啡文化

Hilfiger

土耳其｜土耳其的秘密

土耳其的咖啡文化，可以说与意大利的浓缩咖啡文化截然相反。浓缩咖啡意味着快速，一小杯咖啡，人们可以在酒吧中快速喝完便离开。而在土耳其，人们可以坐下来，享受一杯咖啡或茶带来的放松感，或许再加一支水烟，便可在咖啡馆待上几个小时。

“一支水烟袋可以吸两三个小时。”贝里尔·格贝斯（Beril Gebes）说，他一边看着报纸，与朋友聊着天，一边喝着咖啡，用苹果味的水烟壶或水烟管吞云吐雾。“这需要时间。”他说。

咖啡馆是伊斯坦布尔社交文化的一部分，是人们聚会之地。一支水烟、一杯咖啡，一场棋赛、一次聊天、一本好书，或许只需几个小时，便能使人放松。当咖啡途经也门进入土耳其，奥斯曼帝国的土耳其贵族们改变了数百年的咖啡制作法。源自东非的咖啡制作法，发展成了今天人们熟知的经典土耳其咖啡。土耳其咖啡是按古老的奥斯曼帝国的咖啡制作方法做出的，传遍了当时的奥斯曼帝国，如今又称希腊咖啡或阿拉伯咖啡，已在整个中东、北非、高加索地区和巴尔干地区普及。当咖啡从土耳其传入西欧时，正值奥斯曼帝国扩张及维也纳被围困期间，最初咖啡是在欧洲的沙龙里发展起来的。

1685年前，500克咖啡越过边境进入瑞典。但到29年后的1714年11月，查理十二世[1]在流亡到奥斯曼帝国几年后回到瑞典，才真正把这种“黑

第135页：穆斯塔法（Mustafa）在伊斯坦布尔的艾伦勒–纳尔吉尔（Erenler Nargile）水烟咖啡馆准备经典的土耳其咖啡。

第136-137页：伊斯坦布尔。

[1] 查理十二世（1682-1718年）：瑞典军队统帅，发萨王朝的第十代国王。——作者注

色饮料”介绍给了瑞典人。咖啡深深吸引着查理十二世，它连同白面包与卷心菜卷，同查理十二世一同来到瑞典——也正因此，查理十二世成为瑞典文化遗产最重要的贡献者之一。

土耳其多家日报社评出伊斯坦布尔市最好的咖啡馆——艾伦勒－纳尔吉尔水烟咖啡馆（Erenler Nargile）。它是一家经典的土耳其咖啡馆，位于伊斯坦布尔市中心的科卢卢－阿利帕萨－卡米尔马德拉萨（Corlulu Alipasa Cami Medresesi），馆内配有各种清凉的水烟袋。咖啡馆由建筑师达沃特·阿加（Davut Aga）于18世纪初设计，极具特色，直到20世纪初，这里还是一所儿童学校。假设我正确理解了土耳其语，它很像我6岁时在瑞典斯德哥尔摩上的主日学校（Sunday School），在那里我们对圣经基本知识的学习，包括将漂亮的天使贴在一本书上。今天，这座咖啡馆里坐满了男男女女，喝着咖啡或茶，吸着苹果味的水烟，每个人都能享有这种权利。

当我在艾伦勒－纳尔吉尔咖啡馆看到这种清淡的咖啡烘焙法时，我扬起眉毛，睁大双眼，我从未见过如此清淡的烘焙咖啡方式。“这是我们的专长，”咖啡馆经理穆斯塔法·约克塞尔（Mustafa Yüksel）说，“我们把阿拉比卡咖啡豆烤成浅金色，使它尽量接近最初的状态。”

土耳其咖啡的烘焙标准是中度烘焙。“我们的另一个秘诀是将咖啡研磨三遍以上，最终变成粉末状的咖啡粉。这样我们的咖啡才是最好的，就这么简单。”穆斯塔法话语间狠狠地盯着我。我问穆斯塔法，他是否在用一种叫阿拉比卡的咖啡，而穆斯塔法误解了我的意思，以为我在问他是不是像阿拉伯咖啡制作法那样煮咖啡。于是，他略带恼怒地答道：“不，是土耳其，不是阿拉伯。”说时抿了一口刚泡好的土耳其咖啡，上面撒着可爱的焦糖奶泡，在他眼中这是世界上研磨得最精细的咖啡。最终，我们能确定的是，土耳其咖啡是由芳香味浓郁的阿拉比卡咖啡豆制成的。据说这些咖啡豆来自南美洲，并在意大利的里雅斯特烘焙，最终到达土耳其。咖啡馆外，街上示威游行者舞动着手中的旗帜，汽车鸣笛，人们高呼口号。在一片混乱中，成千上万的人聚集在一起，而我想尽办法最终到了我所要找的咖啡馆。咖啡馆四面厚厚的墙体挡住了街上刺耳的声音，我点了杯美味的咖啡，在安静中放松下来。

穆斯塔法·约克塞尔将我们点的土耳其咖啡倒入小咖啡杯中，就像500年前土耳其人做的那样，而穆斯塔法过去33年来一直在艾伦勒－纳尔吉尔咖啡馆工作。

如何制作穆斯塔法的土耳其咖啡

1. 使用比意式浓缩咖啡更细的研磨咖啡粉，使用中度或浅度烘焙的阿拉比卡咖啡豆制作。

2. 拿出黄铜咖啡壶，或是典型的土耳其黄铜咖啡壶，作为咖啡煮具。

3. 配给一些常温水，一杯约 75 毫升。

4. 量取咖啡粉，每杯放 2 茶匙或 1 汤匙（6 克）。

5. 将咖啡粉加入水中，加糖搅拌（如需要）。

6. 用中火加热慢煮。

7. 持续慢煮，直到咖啡表面出现泡沫。

8. 在咖啡沸腾之前，将咖啡壶从加热器上移走。

9. 将咖啡倒入土耳其小咖啡杯。

10. 待咖啡渣沉淀。

根据不同口味，每杯咖啡的加糖量

黑咖啡　无糖

微甜　1/2 茶匙

中甜　1 茶匙

甜　2 茶匙

Türkiye'nin en iyi 10 nargilecisi

SİGARA İÇİLMEZ
Burada tütün ürünleri tüketilmesi yasaktır.
Tüketenlere ve tüketilmesine göz yuman sorumlulara
4207 sayılı Kanun uyarınca idari para cezası uygulanır.
Şikayet için:

ERENLER
NARGİLE

第140-153页：伊斯坦布尔艾伦勒-纳尔吉尔水烟咖啡馆。

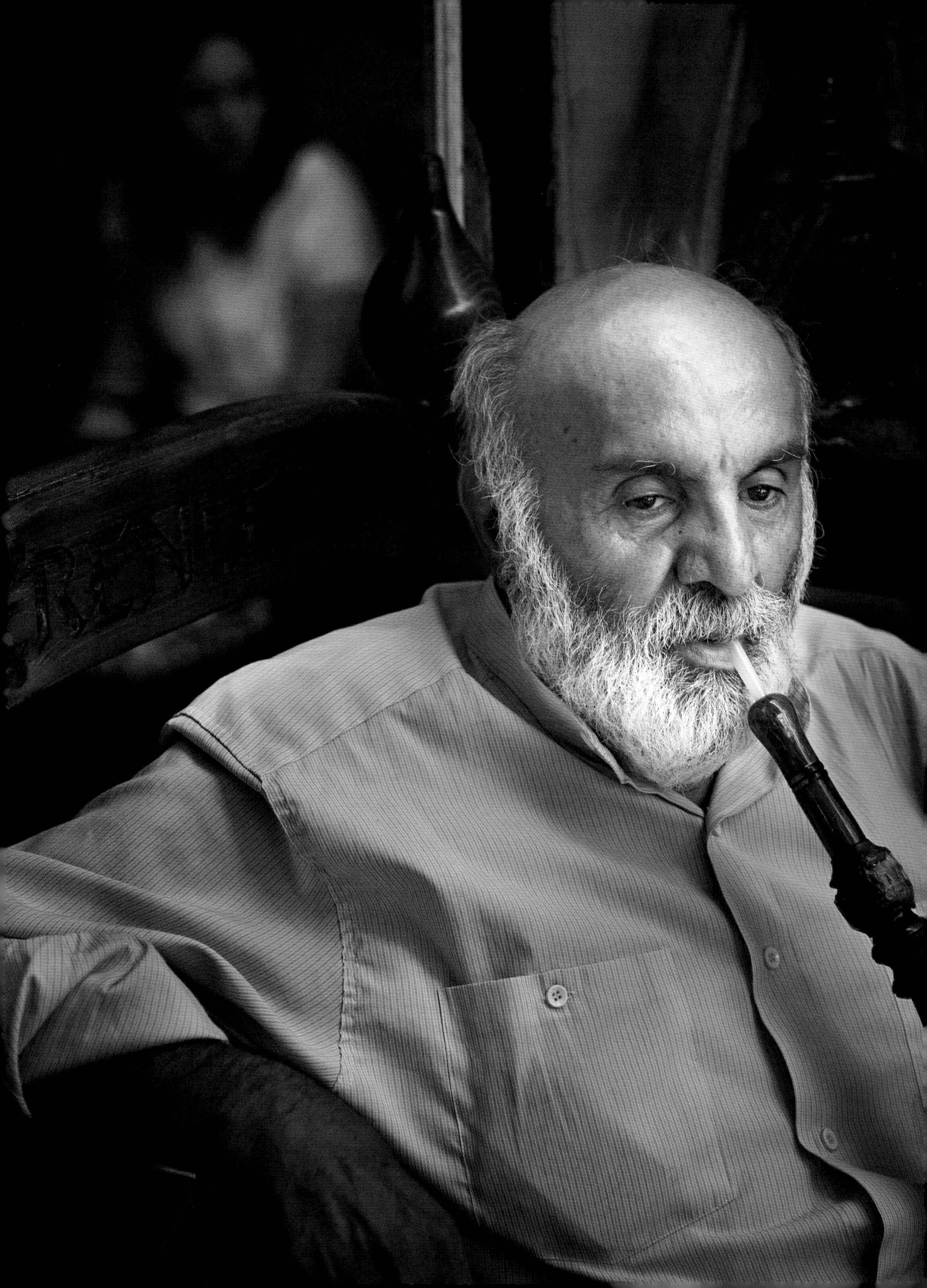

拉普兰｜别让幸福溜走

第155页：安娜·库赫莫宁（Anna Kuhmunen）在她位于约克莫克（Jokkmokk）郊外萨迦拉里梅（Själláriebme）的萨米小屋（lávvu）。

“古克斯（guksi）杯中剩的最后一点儿咖啡必须要泼到火上，献给女神萨拉卡（Sáráhkká）。”托马斯·库赫莫宁（Tomas Kuhmunen）说着，将咖啡杯里最后剩的一点儿咖啡浇到了火上，火苗上立刻发出了嘶嘶声。

萨拉卡是萨米人古代传说中的一位女神，也是地球女神玛塔卡（Máttaráhkká）三个女儿中的一个，即卡萨卡（Uksáhkká）和尤卡萨卡（Juoksáhkká）的姐妹。

“我们并不是倒掉最后剩的一点儿咖啡，而是将它敬奉给萨拉卡——我们心中生命和家庭的保护者。”托马斯继续说道。

圣诞节前夜是一年中最短的，可如果你喜欢，它便是最长的一夜。在圣诞节的前几天，我们驾车在雪地中静静行驶，从基律纳[1]一路向北，一直开到北极圈200千米内加布纳－萨米（Gabna Sami）社区的驯鹿圈。萨帕米（Sápmi）在英语中更习惯被称为拉普兰（lapland）。在车的后视镜中，一条地平线略微泛红又带着橙色的暮光，打破了夜的黑暗。虽然时钟仍显示是白天，但我们更像是驶在电影《暮光之城》中的街区，在黎明和黄昏之间的无人地带。夜长于昼，甚至整个一天都笼罩在黑夜里。

2015年11月底，我收到了一条来自拉尔斯－埃里克·库赫莫宁的（Lars-Erik Kuhmunen）短信，他是伦斯洪（Rensjön）加布纳－萨米社区的主席。他在短信中说：“北极圈的黑暗即将来临。”12月，我们在驯鹿围场

[1] 基律纳：Kiruna，瑞典北部城市。——作者注

见过面。我们围坐在篝火旁喝着煮好的咖啡，想着逃离黑暗。“当我们将驯鹿分开，并对它们一一标记时，我们小组每天要喝一千克咖啡。”拉尔斯－埃里克说着，将四杯泡好的咖啡倒进大咖啡壶，放到火上。不难看出，在瑞典生产的13%煮咖啡中，很大一部分是由萨米人消费的。

“曾经有段时间，我们萨米人会在咖啡中加盐。”，安娜·库赫莫宁徒手抓住她的一只小驯鹿的后腿说，“在咖啡里放盐是种习俗，从我们将雪融化成水用于煮咖啡时便有了。我们用一小撮盐来弥补雪中矿物质的不足。如今，在咖啡里放盐，以及腌驯鹿肉的做法，已经越来越普遍。”

“走进森林或山区后，做饭便是件很费劲的事。我们可能会与驯鹿一同在室外待上几周。这时，我们的背包里总会装些咖啡，还有驯鹿肉干和奶酪。一顿饭常是围绕着一杯热咖啡开始的。我们会在咖啡中加盐，盐对软化硬块奶酪很有帮助；我们也会加些驯鹿肉干，即便是最干燥的驯鹿肉块，也会在放入咖啡后变软，并且还会增加咖啡的味道。当风吹过山峰，扑面而来的是咖啡的浓郁醇香，它对身体有益，也有丰富的营养价值，我猜这一切几百年前就开始了。”

“如果说如今萨米人的家中还保留有古老的生活记忆，那便是做咖啡奶酪的优良传统。尽管大多数人都在普通超市购买咖啡奶酪，但也有些人仍是自己制作。约克莫克的昆苏木（Konsum）超市出售成堆的咖啡奶酪，尽管现在的标签上并没有这么写。在过去，奶酪常用驯鹿奶做成，而如今用牛奶或山羊奶制作则更常见。将奶酪切成小块，放入古克斯杯，再倒入咖啡。将奶酪作为甜品，配上云莓酱和咖啡，也很受欢迎。”

想起20年前的12月，我到达这里时，气温骤降至–40℃。友善好客的萨米人教我各种保暖的技巧，还借给我靴子、手套，以及一顶用温暖的驯鹿皮做成的帽子。令我惊讶的是，我们如何从早到晚待在户外还没有冻死，还有萨米人怎样徒手宰杀寒冷雪地里的驯鹿。我被他们认识自然、理解自然，以及与大自然共处的能力深深吸引。

随着气候变暖，咖啡树的生长线正在缓慢地向山上移动。在过去的十年左右，0℃比–30℃更常见。据瑞典气象与水文研究所的统计数据显示，如今瑞典的年平均温度比20世纪60年代高出近1.5℃，这导致了自然、植被和驯鹿行为模式的变化，也让斯堪的纳维亚土著居民的生活条件发生了改变。

20年后的今天，当我再次站在驯鹿围场时，我已不需要再借用任何保暖的衣服。但就在几周之后，拉尔斯–埃里克发来短信说：“气温已到–32.8℃，我得去喂驯鹿了。”天气变暖，之后又开始变冷。这就像在热带地区种植咖啡树一样，气候波动已无法预测：降雨量太多，之后又太少；天气骤热，之后又骤冷。

刚过午后，群山背后的红色便消失了，黑暗再次贪婪地笼罩着大地，就像白天从未到来过。在照亮黑暗耀眼的探照灯下，成千上万只驯鹿围成一个大圈，有驯鹿的家庭和驯鹿主人聚在一起，通过观察如何在驯鹿耳朵上做记号[1]，辨认出这些奔跑着的驯鹿，并把它们聚到一起。这简直太神奇了，甚至不可思议。这些驯鹿都经过登记注册，之后被带到一个单独的放牧区，等待下一个冬季再到牧场。每年的12月，驯鹿被分成一个个小组圈养，以节省牧场空间。在过去的半个世纪，随着林业的日益工业化，牧场发生了巨大的变化。

雪纷纷降落，像迪士尼电影中的美景，落在安娜·库赫莫宁家的屋外，约克莫克郊外萨迦拉里梅（Själlàriebme）的一座萨米小屋外。屋内的壁炉中，燃着熊熊的火苗，链条上挂着一个烧黑了的咖啡壶[2]。安娜邀请我走进她的小木屋，告诉我萨米人在过去是如何生活的，即便在夏天，他们也会同样煮咖啡。

壁炉周围摆着煮咖啡的工具，还有一些做简单饭菜所使用的材料与工具：漂亮的皮咖啡袋、驯鹿肉干、咖啡奶酪，以及一把经典的萨米刀——这是为安娜专门制作的手工刀。咖啡煮好后，安娜将咖啡在咖啡壶和古克斯杯之间来回倒转，加入几滴冷水后，咖啡渣沉淀，滤除咖啡渣，咖啡便煮好了。安娜孩子们的外曾祖母、她的祖母米塔瑞哈库（Mittarahku）说，鲈鱼皮以前是用来沉淀咖啡的。

萨米人有个很重要的习俗，无论是谁煮咖啡，自己都会先喝第一杯咖啡，这样就可以留住幸福，不会让幸福溜走——尽管这更有可能是出于礼貌原因，因为第一杯咖啡，咖啡渣总是最多的。“这样，客人们就可以喝到最好的咖啡，没有咖啡渣。”安娜说着把咖啡倒在为我们特制的古克斯杯里的奶酪上。到1月中旬，拉尔斯–埃里克打来电话，说太阳再次露面，跳出了地平线，将光芒洒向了黑暗许久的群山。

[1] 萨米（samer）是北欧的少数民族，以前叫拉普斯（Laps）。萨米人家中都养驯鹿，不仅父亲或整个家庭有驯鹿，家里的儿女也都有自己的驯鹿，都是驯鹿的主人。为了区分驯鹿及谁是它们的主人，人们会在驯鹿的耳朵上刻上三个不同记号。一刀代表村庄，一刀代表家庭，一刀代表它们特定的主人。当驯鹿跑过时，每人便可清晰辨认。——作者注

[2] 萨米人居住的“小屋”，看起来很像印度的圆锥形帐篷，屋内天花板上悬挂着一根铁链，吊在火的上方。人们将咖啡壶挂在铁链上，在壶下点火将咖啡煮开。——作者注

第160-161页：安娜和托马斯在基律纳北部伦斯洪的加布纳-萨米社区的驯鹿围场，为驯鹿做标记。

第162-165页：伦斯洪的加布纳-萨米社区。

第166页：萨米社区拉尔斯-埃里克·库赫莫宁主席，在驯鹿聚集和为它们做标记期间煮咖啡。

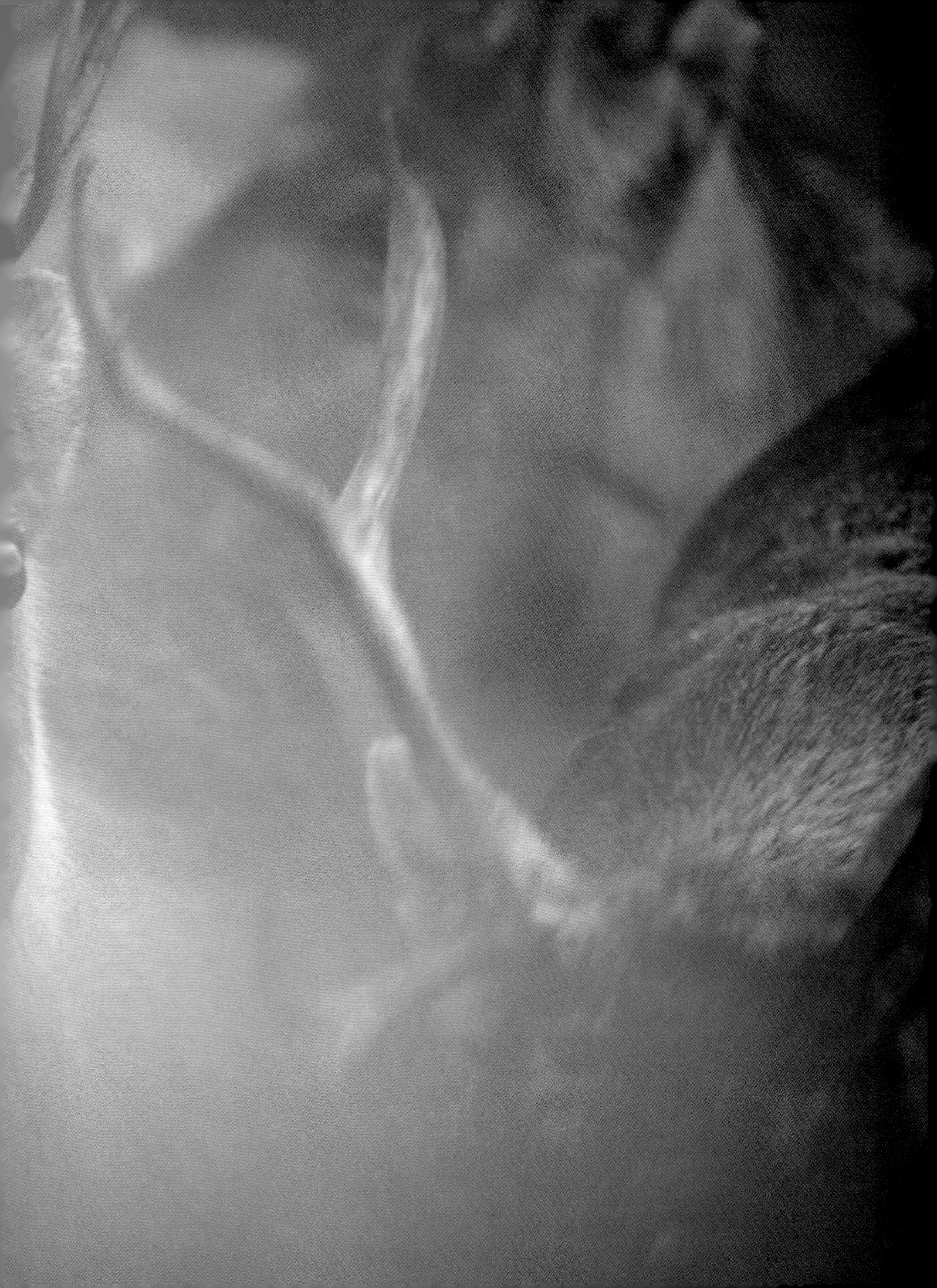

P-M

咖啡奶酪食谱

4份咖啡

配料：
2升全脂牛奶
4%脂肪
2茶匙奶酪凝乳

1. 将牛奶加热至37℃。将锅从火上移开，搅拌奶酪凝乳。在室温下晾置30分钟，直至牛奶奶酪凝固。

2. 将奶酪块放入细网筛或滤器中，尽可能多地挤出水分，然后将重物放在奶酪上几个小时，挤出乳清。

3. 将奶酪块放入涂抹油的耐热盘中，在200℃下烤至金棕色，时间约20分钟。

4. 将奶酪切成小块，放入杯子底部。

5. 将刚泡好的热咖啡倒在奶酪上。

第169页：萨米古克斯杯里的咖啡奶酪。

第170-171页：安娜·库赫莫宁将煮好的咖啡倒入杯中。

第172-173页：伦斯洪山加布纳-萨米社区。

美国｜在路上

“美国人喝咖啡的方式，都是加牛奶和两块糖。”约翰·迈耶（John Meyer）说道。他从事咖啡业已有38年，每天做着世界各地的咖啡贸易。“年轻人和真正的咖啡爱好者都喜欢喝黑咖啡，”他说，“当爱在咖啡里加牛奶和糖的人越来越少的时候，黑咖啡便会取而代之成为主导。”对于不含咖啡因的咖啡，约翰相信也将会是同样的命运。他解释说，只有80岁以上的人才会喝无咖啡因的咖啡，这使它们也会很快消亡。他还用了几句简洁的话，全面概括了美国的咖啡文化。

美国的咖啡文化显然更具凝聚力和活力。几个世纪以来，来自世界各地怀揣梦想的移民来到美国，带来各自国家的习惯与习俗，将美国塑造成一个大熔炉。例如混合的咖啡文化，如今在美国3.24亿人（2017年数据）的生活中，有着取之不尽的多样性。美国咖啡协会（NCA）的大量统计数据显示，超过一半的美国人每天会喝咖啡，咖啡的日消耗量约为4亿杯。68%的人在早上醒来后一小时内喝咖啡，其中3%的人喝速溶咖啡。那些西班牙裔的美国人比非洲裔的美国人喝的咖啡更多。大多数人在家喝咖啡，其中61%的人喝过滤咖啡，年轻人爱喝浓缩咖啡或购买即饮咖啡。哥伦比亚咖啡最受欢迎，其次是巴西咖啡。

我遇到的所有美国人，无论背景如何，当我问他们为何美国咖啡如此淡而稀、看起来像茶时，他们都表示抗议。不过没有一个人愿意去考虑这

第175页：纽约曼哈顿时代广场上手拿咖啡的“在路上”者。

第176-177页：纽约曼哈顿时代广场。

第178-179页：纽约曼哈顿时代广场上手拿咖啡的“在路上”者。

WICKED
HOTEL

KEEP BURNING
THE COLOR PURPLE
You've got big plans for 2017.
We've got the tickets.
NEW
AMERICAN EAGLE OUTFITTERS
DRINK

EXPRESS
EXPRESS
EXPRESS
CAMERA • LUGGAGE
GIFTS

STARBUCKS
COFFEE
A
PLEASE USE
OTHER DOOR

L
14 Street Local
To 8 Avenue
all times
14
Street
Exit Uptown &
Queens

NO STOPPING
Anytime

P

个问题。显然，这只是一个愚蠢的谣言："这不是真的。"一个人说。当我第三次问他同样的问题时，他显得很恼火，我也只好不再追问。

我到纽约时，正值 1 月，室外温度是 –8℃。一场暴风雪正笼罩着曼哈顿，街头的人们手拿一杯热咖啡，正走向各自不同的目的地。一位滑雪者迎面而来，令时代广场逆风前行的许多行人感到惊讶，柔和的光让人想起电影《蝙蝠侠》中的哥谭市（Gotham City）。

30 年前，我第一次走在曼哈顿的人行道上，满怀好奇地仰望着摩天大楼，想着这里的繁荣会持续多久，是否有一天会结束。从那时起，我常常在想，为何一半的纽约人似乎总爱手拿一杯咖啡走在街上。他们为何不找个安静的地方坐下来喝？而这次，我问一个当地人，在哪里可以找到一些有趣的咖啡店，他告诉我，如果我想像在欧洲一样坐下来喝咖啡，边喝边聊天，那就得南下到曼哈顿，"否则你会发现到处都是美式咖啡馆。"他说。在美国，仅星巴克咖啡就有 14000 家门店。自 1993 年以来，专注于品质的专业咖啡店，数量从 2850 家增加到如今的超过 30000 家。以品质为基础的国际咖啡文化正在形成，而其他一切也都是如此。

"美国人总是忙忙碌碌，"约翰・迈耶说，"美国人喜欢快节奏，美国给了这里的人们他们想要的一切。这就是为何每个人都拿着一大杯咖啡，行走在路上。"

"明天早上来吧，"54 号大街与百老汇交界处的星巴克咖啡店的凯利（Kelly）说，"你会看到排长队买早餐的人们，拿起一杯杯装咖啡，便匆匆赶往他们在附近街区的办公室。"

"我认为，咖啡在美国的兴起，始于 25 年前西海岸的洛杉矶或旧金山，"布鲁克林一家永久产权（Freehold）的时尚咖啡店的经营者史蒂夫（Steve）说，"人们买上一杯杯装咖啡，带着去上班。这个想法是由一些小咖啡店提出的，事情大概就是这样。"

对于美国咖啡文化的起源，有各种各样的说法。约翰・迈耶认为，中东移民利用稀缺的咖啡开了小咖啡馆，推动了咖啡市场的快速发展，但他们只能负担得起小店面，这让顾客别无选择，只能外带咖啡。

话虽如此，但如果你想全面了解美国的咖啡文化，就不能忽视一个精力充沛的重要人物——霍华德・舒尔茨（Howard Schultz）。舒尔茨在 32 岁时，无奈地从星巴克辞职了。

1971 年，舒尔茨来到西雅图，创办了第一家星巴克咖啡店。10 多年来，他一直坚持着自己的理念，也想进一步发展业务，为客户提供不同类型的经典浓缩咖啡。但星巴克的持有者完全不支持他的想法，并让满怀热情的舒尔茨立刻停止他的计划。最终，舒尔茨选择离开星巴克。一段时间后，舒尔茨想尽办法筹集足够的资金，开创自己的事业。1986 年，他创办了每日咖啡吧（Il Giornale）。店里空间很小，只有几个座位，可他用咖啡、冰激凌与歌剧音乐，为人们营造了一种体验意大利文化的环境。那是一次巨大的成功，两年后，他以 380 万美元的极低价格收购了星巴克咖啡。舒尔茨保留了星巴克的名字，并最终以他想要的方式发展业务。而其余的，正如人们所说，都已成为历史。如今，星巴克咖啡已遍布全球 71 个国家，拥有 25000 家门店。星巴克关注的不仅是咖啡的销量，还有如何保持咖啡的高品质。星巴克常引领优质咖啡的新趋势，许多门店的特色包括了提供来自东非高地的美味咖啡和日晒咖啡豆。位于 54 号大街的星巴克咖啡店，由经营者凯利负责，咖啡销售额在美国排名前十，长期以来，他们一直在制作并提供最流行的冷咖啡——氮气冷萃咖啡。

加牛奶和糖的咖啡，正在被社会所淘汰，像不含咖啡因的咖啡一样。国际浓缩咖啡的趋势有冷萃咖啡、氮气冷萃咖啡、虹吸咖啡等，它们占领着美国市场越来越多的份额。我们可以看到，世界各地越来越多的时尚咖啡店正在兴起，这在布鲁克林也是同样。这里属于下一代的喝咖啡者，他们可以坐下来，喝上一杯浓缩咖啡，泡在网上几个小时，工作、学习或只是与朋友闲聊。一种新的美国咖啡文化正在形成，人们不用再拿着纸杯咖啡走在街上。

Fulton St
BROADWAY

第182-183页：纽约曼哈顿。原世界贸易中心的一楼曾是纽约咖啡交易所，如今，这里成了购物中心与火车站。

第186-187页：在纽约曼哈顿时代广场，星巴克的精品咖啡店根据虹吸咖啡、凯梅克斯和氮气冷萃咖啡等最新趋势制作咖啡。

第188-191页：位于纽约曼哈顿布鲁克林区的永久产权咖啡馆（Freehold café）。

第192页：纽约曼哈顿星巴克咖啡馆中储备的氮气冷萃咖啡。

第193页：纽约曼哈顿世贸中心遗址纪念馆。

第194-195页：纽约曼哈顿时代广场。

第196-197页：纽约曼哈顿时代广场上的手拿咖啡者。

Reserve
Tumblers

STARBUCKS RESERVE COFFEES
AVAILABLE COFFEES
CLOVER OR POUR OVER 16 oz
SUN DRIED ETHIOPIA SHAKISO $5.00
STRAWBERRY & CASSIS
BLACK HONEY COSTA RICA $5.00
GRAPEFRUIT & MELON
NICARAGUA MARACATURRA $5.00
ALLSPICE & VANILLA
BURUNDI PROCASTA $4.00
LEMONY & BLACK TEA FLORALS
SUN DRIED ETHIOPIA CHELELEKTU $5.00
STRAWBERRY & DARK CHOCOLATE
DECAF COSTA RICA $4.00
CITRUS & FLORAL
COFFEE BEVERAGES
COLD BREW $4.00
NITRO COLD BREW $5.50
THE MELROSE $5.00
★ALL MADE WITH: SUN DRIED ETHIOPIA CHELELEKTU
R™
STARBUCKS RESERVE™

EXIT

R
R

ARE

low light camera.
CYNTHIA ERIVO
THE COLOR PURPLE
Make more interesting plans this year.
NEW
SAMSUNG
Corn
DRINK

HYUNDAI
ELECTRONICS
CAMERA • LUGGAGE
McDonald's
Restaurant
SONY
tkts

意大利｜沙龙里的胜利

一个意大利人，一天中会几次溜达进他附近的咖啡馆，喝上一小杯浓缩咖啡，喝完便走。意大利是浓缩咖啡的故乡，un caffè 是一个简单的浓咖啡代名词，只要有几分钟时间，人们便会靠在吧台，几分钟喝完一杯咖啡，之后便转身离开。

经典的意大利浓缩咖啡由 7 克阿拉比卡咖啡豆和罗布斯塔咖啡豆混合而成，经过精细研磨、深度烘焙制成。将 93℃的水倒入咖啡中，在浓缩咖啡机中以 9 帕的压力持续 20 秒，一杯 25 毫升散发着芳香的优雅的混合咖啡便做好了。这是一种征服全世界各大洲人们的饮料，风靡全球的咖啡热潮就源于这种意大利式浓缩咖啡。1950 年，世界上第一台浓缩咖啡机由意大利帕沃尼（Pavoni）公司制造，如今它展于罗马历史悠久的圣尤斯塔斯咖啡馆（Sant’Eustachio il Caffè）中。

圣尤斯塔斯咖啡馆建在一个狭窄的小广场上，在古老的大学建筑和参议院大楼之间，背靠万神殿。店主雷蒙多・里奇（Raymondo Richi）亲自从南美洲进口咖啡豆，并将它们浅度烘焙，以 200℃的温度持续 20 分钟。对咖啡烘焙来说，这是个非常低的温度，而 20 分钟的烘焙时间也非常长，但雷蒙多确定他需要这样。

“在意大利 1600 家烘焙生豆的烘焙坊中，只有不到 10 家直接进口我们的咖啡豆。”雷蒙多说。

第199页：咖啡师法比奥・佩特里卡（Fabio Petricca）在罗马的格雷克咖啡馆。

第200-201页：古希腊咖啡馆，位于孔多蒂街，通向西班牙大台阶。

DAMIANI
PRADA
Caffè Grec
250
ANNI
TEA ROOM
250
ANNI
PRADA
PRADA
PRADA

在罗马古老的8000家咖啡馆中，最古老的是古希腊咖啡馆（Antico Caffè Greco）。它是一座威尼斯风格的优雅建筑，位于距西班牙大台阶[1]（Spanish Steps）仅一步之遥的孔多蒂街（Via Condotti），有着令人自豪的历史。古希腊咖啡馆是人们见面聚会之地，是罗马人的乐土，也是在罗马居住过一段时间的人的喜爱之地。国王、王后、王公、作家、诗人、作曲家和演员，以及伟大的思想家、艺术家、文学家和歌唱家，都会光顾于此。

[1] 西班牙大台阶是位于意大利罗马的一座户外阶梯，与西班牙广场相连接。它是全欧洲最长与最宽的阶梯，总共有138阶。——编者注

古希腊咖啡馆于1760年开业。250多年后的今天，我漫步在这家咖啡馆，看着这里的艺术收藏品，看到每天约有2000杯咖啡在往来客人的手中交替。

在巴黎，咖啡馆的历史比罗马的更悠久。

巴黎文化中心左岸的老戏剧院街（Arcienne Comédie）13号有很多书店，索邦大学（Sorbonne）及其医学院也在此。在通往奥德十字路口（Carrefour de l' Odéon），靠近圣日耳曼大道（Boulevard Saint-Germain）处，人们仍可看到古老的普罗科普咖啡馆最早的标识“Le Procope”。如今，这家咖啡馆已适应了现代社会，成为一家知名的餐厅。但直到今天，开业三个多世纪后，这里仍保留了一块大理石牌匾，上面写着“世界上最古老的咖啡馆”。

开业于1686年的普罗科普咖啡馆，18、19世纪成为法国文学和哲学酝酿发展的中心。历史上许多名人曾聚集于此，喝着咖啡，探讨人的权利，酝酿即将到来的革命，通过宣扬民主改变世界。一些伟大人物都是普罗科普咖啡馆里的常客，如丰坦（Fontaine）、伏尔泰（如今咖啡馆中还有一张桌子曾是伏尔泰一直用的）、狄德罗、阿朗贝尔·卢梭（D'Alembert Rousseau）、本杰明·富兰克林、丹顿（Danton）、罗伯斯庇尔、马拉、拿破仑、巴尔扎克、维克多·雨果、莱昂·甘贝塔（Leon Gambetta）等。

据说，这座法国巴黎市中心的咖啡馆是由一位来自西西里岛的意大利人创办的。普罗科皮奥·科尔泰利（Procopio dei Coltelli）是位勤劳的商人，他创办咖啡馆后，家族传承，一代一代经营至今。

普罗科皮奥和他的两个妻子所生的12个儿子，被认为是驳斥荒谬谣言的活生生实例，因为谣言者声称，咖啡会影响男性的阳刚之气和生殖能力。

普罗科普咖啡馆在巴黎开业的36年前，一位居住在罗马的犹太人打开了意大利的咖啡市场，在战神广场（Campus Martius）创办了第一家咖啡馆。然而，罗马的主任医师卢多维克·马尔托力（Ludovico Martoli）并没有对此

表现出友好。他发布了一份官方公告，声称：“这种豆子来自国外，俗称咖啡，最近才进入罗马，对公众销售。除非事先得到批准及书面许可，否则任何国籍或任何身份的人，都不得出售或赠送这种豆子。任何违反这项法律条款者，都将受到25英镑的处罚。”

1760年，尼古拉·迪·马达莱纳（Nicola di Madalena）在孔多蒂街上创建了罗马当今最古老的咖啡馆——古希腊咖啡馆。可查到的记录信息显示，马达莱纳可能是咖啡馆的经理或持有者，也有说法是，这座咖啡馆是以一位希腊创办者的名字命名的。

古希腊咖啡馆以居于城市中心位置，以及咖啡的魅力，曾吸引了众多的历史人物。这些人来到咖啡馆，思考并试图解决那一时代面临的问题。他们中有司汤达、歌德、拜伦、李斯特和济慈[1]，还有易卜生、安徒生、门德尔松、瓦格纳、玛丽亚·赞布拉诺（María Zambrano），甚至还有伟大的卡萨诺瓦。

16世纪，咖啡传遍了阿拉伯半岛，在17世纪中叶又传入君士坦丁堡，在进入西欧其他地区之前的一个世纪（当时君士坦丁堡被苏丹占领），传入匈牙利。一直以来，咖啡如何传入意大利的故事备受争议，有说法是，北非穆斯林和威尼斯商人之间的贸易带来了咖啡。威尼斯凯旋咖啡馆（Venezia Trionfante）建于1721年，之后更名为弗洛里安咖啡馆（Caffè Florian），此后名声大噪。意大利主教将咖啡视为魔鬼饮品，建议教皇永久禁止咖啡。但事与愿违，教皇却爱上了咖啡，还说咖啡应该神圣化，而不是被禁止。因教皇的支持，咖啡在意大利的地位更为稳固。自1600年咖啡获教皇许可以来，意大利一直是世界咖啡的中心。它在沙龙中大获全胜，很快便成为社交生活的基本组成部分。

意大利人均咖啡馆的数量最多，6000万人口共有10万个咖啡馆。人们并非长时间泡在咖啡馆里享用咖啡，也非社交所用。意大利的咖啡馆大多店面很小，只是为人们站着喝咖啡而设计的。

在街对面宝格丽专卖店工作的店员塞尔吉奥·斯库代拉里（Sergio Scudellari）走进古希腊咖啡馆，和同事一起喝着一天中的第三杯咖啡，是由咖啡师法比奥·佩特里卡（Fabio Petricca）制作的意式浓缩咖啡。我在古希腊咖啡馆遇到了不同的人，他们都热情地与我聊起各种各样的咖啡。多样化的存在，使意大利的咖啡文化如此开放与迷人。不过即便多样，意式经典浓缩咖啡，才是意大利成为“世界天然咖啡”中心之一的根本。高

[1] 济慈死于肺结核病，在西班牙大台阶旁小山上的一间破旧公寓中，离咖啡馆只有几步路的距离。——作者注

TEA

水准的意大利咖啡师，也被认为是意大利咖啡名列全球咖啡排行榜榜首的原因之一。

“就个人而言，我更喜欢力士列特（Ristretto）。”咖啡师马泰奥·阿巴特（Matteo Abate）说。力士列特是一种半浓缩咖啡，它完美地捕捉到了浓缩咖啡的味道精华。倒入咖啡杯的第一滴咖啡，芳香油的浓度最高，咖啡香气也最浓郁。

第204-205页：古希腊咖啡馆。

第206-209页：罗马古希腊咖啡馆。

第210页：两杯浓缩咖啡，配上近乎完美的鼠尾图形。

古希腊咖啡馆以浓缩咖啡为基础的饮品有：
浓缩咖啡
拿铁玛奇朵
卡布奇诺
拿铁

第212-213页：咖啡师法比奥·佩特里卡在介绍意大利浓缩咖啡。

Caffè Grec
A.D. 1760

Caffè Greco
A.D. 1760

Caffè Greco
D. 1760
Zucchero
Bianco
Caffè Greco

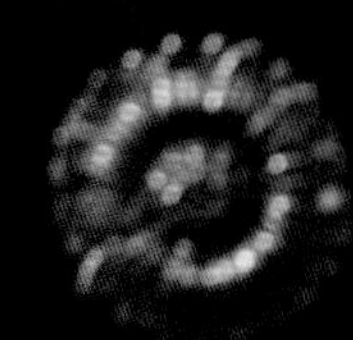

埃塞俄比亚｜埃塞俄比亚就是咖啡

第219页：菲德尔·费萨哈在一个叫艾玛尔–塞弗斯的小村庄里，按照传统的埃塞俄比亚仪式准备咖啡。

炎热的午后，阳光洒向艾玛尔－塞弗斯（Amar Sefes）村，安然又宁静。不远处，一位母亲与孩子提着一壶水，正走在回村的路上，那是一个只有8户人家与几间小屋的村庄。远处，孩子们的欢笑声中夹杂着奶牛的浅吟声，阳光下，几朵白云飘于天空，在阴影洒落的那片田野，飘来了怡人的咖啡香气。

夜幕降临，菲德尔·费萨哈（Feder Fesaha）蹲下身为她的家人烘焙咖啡，这是当天的第三次烘焙，也是一天中的最后一次。她采用的是埃塞俄比亚传统咖啡仪式的做法，而这种做法自古以来便有了。在埃塞俄比亚，每个人都会去市场购买未经烘焙的咖啡生豆，回家后，用明火或燃烧的煤炭烘烤。在邻居们的眼里，咖啡的香气如烟雾信号，若闻到邻家煮咖啡，他们便希望能受邀过去一起喝咖啡和聊天。为了可靠起见，邻居们在过去之前，会先让孩子们去看看咖啡是否已煮好。

“埃塞俄比亚就是咖啡，咖啡就是埃塞俄比亚。在埃塞俄比亚，人人都喝咖啡。”弗雷德（Freder）说着，仔细清洗着咖啡生豆，以待之后的烘焙。

我们在惊险与震撼的峡谷中行进了15个小时，群山在薄雾中若隐若现，像是电影中的背景，让人想到地球的初始。我们在卡法（Kaffa）省前省会吉玛（咖啡行业中拼写为“Djimmah”）过夜，第二天早上继续启程，寻找咖啡的起源，那里是所有一切开始的地方。我们见到了那些种植者和

咖啡制作者，他们是开启咖啡世界之旅者的直系后裔。

途中的确花了些时间，我一直想停下来拍照，因为必须充分利用好我在此的短暂时间，但我们的司机，如果没有大量阿拉伯茶可以嚼，哪怕是一米远的距离，他也拒绝开。一路上，司机常会停下车走出去，回来时一脸惬意的笑容，手拿一大束像树枝一样的阿拉伯茶。这些阿拉伯茶是司机花了 50 埃塞俄比亚比尔（约 20 瑞典克朗 / 2 欧元）买下的，之后他耐心地摘下茶叶，放在嘴里嚼。对于嚼阿拉伯茶而引起的口渴，司机会不时地停车买水解渴。也正因如此，司机也不得不常停下车，跑到灌木丛后，排出体内多余的水分。我们的司机和大自然之间，就像一个完美的生态小循环。阿拉伯茶在东非和也门非常受欢迎，被认为是一种温和的药物，因此在埃塞俄比亚是合法的，这种茶主要出口至吉布提和索马里。种植阿拉伯茶有利可图，而且有时诱惑很大、利润可观。这对咖啡农来说，可以让他们的年收入翻番，于是很多咖啡农转向了种植阿拉伯茶。即便阿拉伯茶是合法的，但作用像酒精。司机驾驶时饮酒违规，嚼阿拉伯茶也一样是不允许的。我问司机，万一他被警察拦住会怎样。“我会告诉他们，我一直在嚼的是鳄梨（牛油果）。”司机说时，咧嘴一笑，露出发绿的牙齿。尽管如此，他还是沿着狭窄、极其颠簸的坑洼泥路向前，一路开得很平稳，不过我总是有些担心，感觉还是应该系上安全带。司机嚼着他的阿拉伯茶，而我则嚼着老甘蔗，以保持所需的能量。第二天傍晚，我们到达了第一个目的地——法赫姆咖啡种植园，位于奥罗米亚州（Oromia Region）吉玛区和契卡 – 卡贝尔（Cheka Kabele）区。这里曾被称为卡法省，距凯塔 – 木杜加村（Keta Muduga）不远，传说很久以前，牧羊人卡尔迪（Kaldi）和他的山羊们在那里发现了咖啡。

法赫姆咖啡种植园位于海拔 1850 米处，在我们到达时，这里已冷冷清清，最近的一次采收已经结束，700 名采收工人都已返回各地。现在的种植园中，工人们正在忙着将咖啡树修剪更新和施肥，以迎接下一个采收季。咖啡树的下一个花期已经开始：先是 1 月份的小花期，之后是 2 月份最重要的大花期，最后是 3 ~ 4 月的小花期。此时，距下一个收获季还有 8 个月。法赫姆种植园占地 200 公顷，共有咖啡树 48.6 万棵，主要种植有三种不同品种，编号分别为 74110、74148 和 75227。每棵树年平均咖啡产量 4 ~ 5 千克。这些品种已经适应了环境，能抵抗已知的疾病，并且它们都是天然的，未经嫁接。在法赫姆种植园，很容易让人想起巴西茂密的热带雨林中，长满了金合欢等遮阴树，但即便如此，也并没有多少巴西咖啡种植者在遮阴树下种咖啡。法赫姆种植园海拔高，咖啡浆果成熟缓慢，这让浆果的味道更加丰富。许多遮阴树都能保护咖啡树，使它们免受强烈阳光的直射，同时这也有助于延长咖啡浆果的成熟时间，使其品质更佳。法赫姆咖啡种植园的出口经理哈亚图丁·贾马尔（Hayatudin Jamal）说："这里收获的品质等级最高的咖啡，出口至瑞典和挪威。"

法赫姆种植园建成时间不长，自2007年以来一直仅种植咖啡。未受过化学肥料腐蚀的原始土壤，营养价值明显更丰富，可产出有机食品。种植园的农学家西蒙德·阿贝拉（Shimeld Abera）说："如果这片土壤不施化肥，可以维持10年，但前提是用咖啡浆果的天然果肉作肥料，它们都是采收期水洗加工后的残留物。在埃塞俄比亚，采收后70%的咖啡浆果通常是晒干的。美食家们会争论这是否能让更多的浆果上带有蜂蜜般的甜味。但对埃塞俄比亚的咖啡农而言，晒干只是一种更实用的方法：晒干后的咖啡浆果可以储存在家中，待出售时取出，以获取经济回报。这是一种以咖啡来做的储蓄，有助于咖啡农维持两个收获季之间的基本生活。出于实际考虑，在法赫姆种植园，70%的生豆是用水洗法加工，而之后晾晒50万棵咖啡树的浆果需要很大的空间。随着法赫姆种植园原始土壤、咖啡树、生长海拔和遮阴区域的增加，约有1/4的生豆达到了高品质的国际标准。经SCA国际咖啡杯测标准测试，分值可达88分。当我们品尝咖啡时，我们会陶醉在一种令人愉悦的柑橘果味与淡焦糖甜味之间，而带有柔和的柑橘味咖啡，尤为吸引我。"

在埃塞俄比亚近1亿的居民中，约有3000万人从事咖啡行业，不管是从事咖啡的种植、加工，还是运输。在埃塞俄比亚咖啡中，超过90%的咖啡都是由小农户种植的。小农户们约有1万平方米土地，可种植咖啡树多达2000棵。菲德尔家便是其中一个，这意味着小农户们自己可以先喝到最优质的咖啡，可法律规定所有高品质的咖啡都必须出口，这使咖啡农们只能储存和销售杯测分数在60分以下的低质咖啡或低等级咖啡。此外，其他高品质的咖啡都必须出口，这个数量相当于整个国家咖啡产量的一半。而另一半，则是由埃塞俄比亚人自己消耗的。

在我们穿过吉比河[1]的桥之前，武装士兵过来检查，看我们是否带有高品质的袋装咖啡。如未经登记、贴标签并加盖审批文件的公章，这种咖啡是不允许被带出境的。任何违反规定并影响到国家出口收入的咖啡农，

[1] 吉比河（Gibi River），前卡法省和绍阿省（Shoa Province）之间的边界。——作者注

都将立刻被吊销出口许可证，而根据法律规定，有人甚至会被判刑入狱。

第223页：菲德尔·费萨哈研磨刚烤好的咖啡豆。

我查看了2015年6月~2016年7月埃塞俄比亚政府的官方统计数据，在这段时期中，埃塞俄比亚咖啡出口总额共7.23亿美元。这一数据表明，埃塞俄比亚是世界上最大的咖啡生产国之一，意味着咖啡出口约占埃塞俄比亚28.5亿美元出口总额中的25%，不过数据会根据咖啡市场的价格变化有所波动。了解到这些数据，我们不难理解，为何政府会如此大力度地保护咖啡的潜在出口市场。埃塞俄比亚商品交易所（ECX）在咖啡市场中占有重要地位，今天所有的咖啡贸易，除了需经专业认证外，必须通过ECX和它在国内某处的仓库进行。

由于担心我们的安全无法得到保障，为了写这本书，我们第一次埃塞俄比亚之旅中的一段被迫取消了，紧张局势和紧急状态使形势非常不稳定。我们此行的目的是穿过奥罗米亚州，那里种植有埃塞俄比亚的大部分咖啡。奥罗米亚人口有3500万，是埃塞俄比亚人口最多的州。

萨拉·伊尔加（Sara Yirga）在埃塞俄比亚首都亚的斯亚贝巴经营着一家微型烘焙店。她告诉我，在埃塞俄比亚，每个人一天的生活都是从空腹喝一杯咖啡开始的，只有喝完咖啡，人们才会去做其他事情。“埃塞俄比亚所有的重要社交场合，从婚礼到政治会议，都有咖啡的身影。咖啡将人们聚集，并在各种大小冲突中扮演着重要的外交角色，在我们的社会中不可或缺。”

我见过很多埃塞俄比亚和厄立特里亚妇女在她们的家中烘焙咖啡，也惊讶于咖啡豆烤得发黑的颜色。作为一名在非洲之角的战争与和平时期为瑞典媒体工作了几十年的记者，我曾走访了大量的村庄和家庭，坐在前线几条烘焙咖啡的战壕里，饶有兴致且痛快地喝着咖啡。这些年，我对为何将咖啡豆烘焙到接近黑色的疑惑，终于从种植园出口经理哈亚图丁·贾马尔那得到了答案。“在埃塞俄比亚，普通消费者只能买到等级较低的咖啡，所以我们烤得很黑，部分原因是尽可能多地使香精油焦糖化，以优化咖啡味道，而部分原因是燃烧可以除去咖啡的某些缺陷，掩盖不良味道。最终烘焙出的咖啡有时会带有苦味，但我们宁愿这样。”哈亚图丁坦率地说道。

经典的埃塞俄比亚咖啡仪式如下。

1. 清洗咖啡生豆。
2. 将焚香点燃，营造出一种精神氛围。

3．将咖啡豆放入某种煎锅中，烤 5 ~ 6 分钟。

4．烤豆子者拿着盛着咖啡豆的烤盘，将烟撒向在场的每个人。

5．研磨咖啡豆之前须先将其冷却，否则咖啡入口后会有苦涩感，且有沉淀物。

6．将咖啡豆磨碎成粉末。在埃塞俄比亚，咖啡豆几乎都是用杵和臼子手工研磨而成的。

7．将 4 匙磨碎的咖啡粉加入 1 升水中煮沸。之后加入几滴冷水以帮助咖啡沉淀。

8．最后，将咖啡倒入没有手柄的小瓷杯中。

9．上桌前，菲德尔·费萨哈在咖啡中加入盐，这是标准的做法。

第226-227页：艾玛尔-赛弗村。

第228页：埃塞俄比亚咖啡仪式。

第229页：在传统咖啡仪式中使用的熏香。

第230-231页：吉玛的托儿所。

第232-233页：晒干的埃塞俄比亚咖啡豆。

在倒咖啡之前，一定要准备些小吃，如烤玉米或爆米花，这一点不能忘。如果有新客人来，女主人须重新制作咖啡，历经洗、烤、煮整个过程。若简单端上之前煮好的咖啡，会被认为是有失礼貌的。

在煮咖啡时，大量加糖也很常见，带丁香味与黄油味的咖啡是几种当地咖啡变种中的一对，此外还有很多其他变种。埃塞俄比亚是一个多元化的国家，有 85 种语言，也有众多民族和族群。人们探索出了如何食用这些 1000 多年前挂在树上的美丽果实。先是摘下这些红色浆果，放入嘴中，像咀嚼大自然中的其他果实一样；之后将其煮熟；再到后来将其研磨、捣碎、炒、烤、煮。几个世纪以来，人们一直在做着不同的尝试。直到今天，在埃塞俄比亚，人们还会将咖啡叶像茶一样煮，做成茶咖啡。做法通常是将咖啡叶放入牛奶中煮，这种茶咖啡被称作霍佳（hoja）。

来自古拉格（Gurage）地区西尔特（Silte）部落的穆罕默德·拉洛（Mohammed Lalo）说，他们用整个果肉或是晒干的浆果来烘焙咖啡。几分钟后，他们从锅中倒出所有果肉等，将豆子与果壳分开后，继续烘烤，直至烤好，之后将果壳残渣放回锅中烘烤，再在准备好的水中，加入所有磨好的咖啡豆。西尔特部落将咖啡浆果放在一个叫作吉比那（jebena）的大壶里煮，壶里加有牛奶、盐和藏红花，可供 30 ~ 40 人饮用。人们围火堆而坐，按年龄顺序来喝。这就是咖啡在埃塞俄比亚的制作过程，而我亲眼见到了这一过程。

“按照埃塞俄比亚传统，咖啡仪式共分三轮：第一轮称为雅伯（Abol），是为外出干活的男人准备的；第二轮称为托纳（Tona），是为女人准备的，意为祝福；第三轮称为博拉卡（Bereka），是给儿童和妇女的”。萨拉·伊尔加说。

“通常，我们会用同一批研磨好的咖啡粉煮三壶咖啡。但有时可以煮到七壶，直到最后只剩下水。”萨拉笑着说。在她看来，咖啡是神圣的，“每个人喝咖啡时都会祈祷，将一天中的此刻交给上帝；而有些人在喝咖啡时看到了未来。”在埃塞俄比亚的其他地区，人们信奉万物有灵论，认为神灵可以存在于石头、树木等万物中。而当人们喝咖啡之前，会把咖啡泼洒向不同方位，意为向女神阿德巴尔祈福。

第235页：穆罕默德·拉洛在法赫姆咖啡种植园（位于契卡–卡贝尔地区的吉玛）。

第236-237页：法赫姆咖啡种植园的咖啡仓库。

第238-239页：菲德尔·费萨哈与她的家人在艾玛尔–塞弗斯小村庄，按照传统的埃塞俄比亚咖啡仪式制作咖啡。

240-245页：位于亚的斯亚贝巴市的托莫卡（Tomoca）咖啡馆。

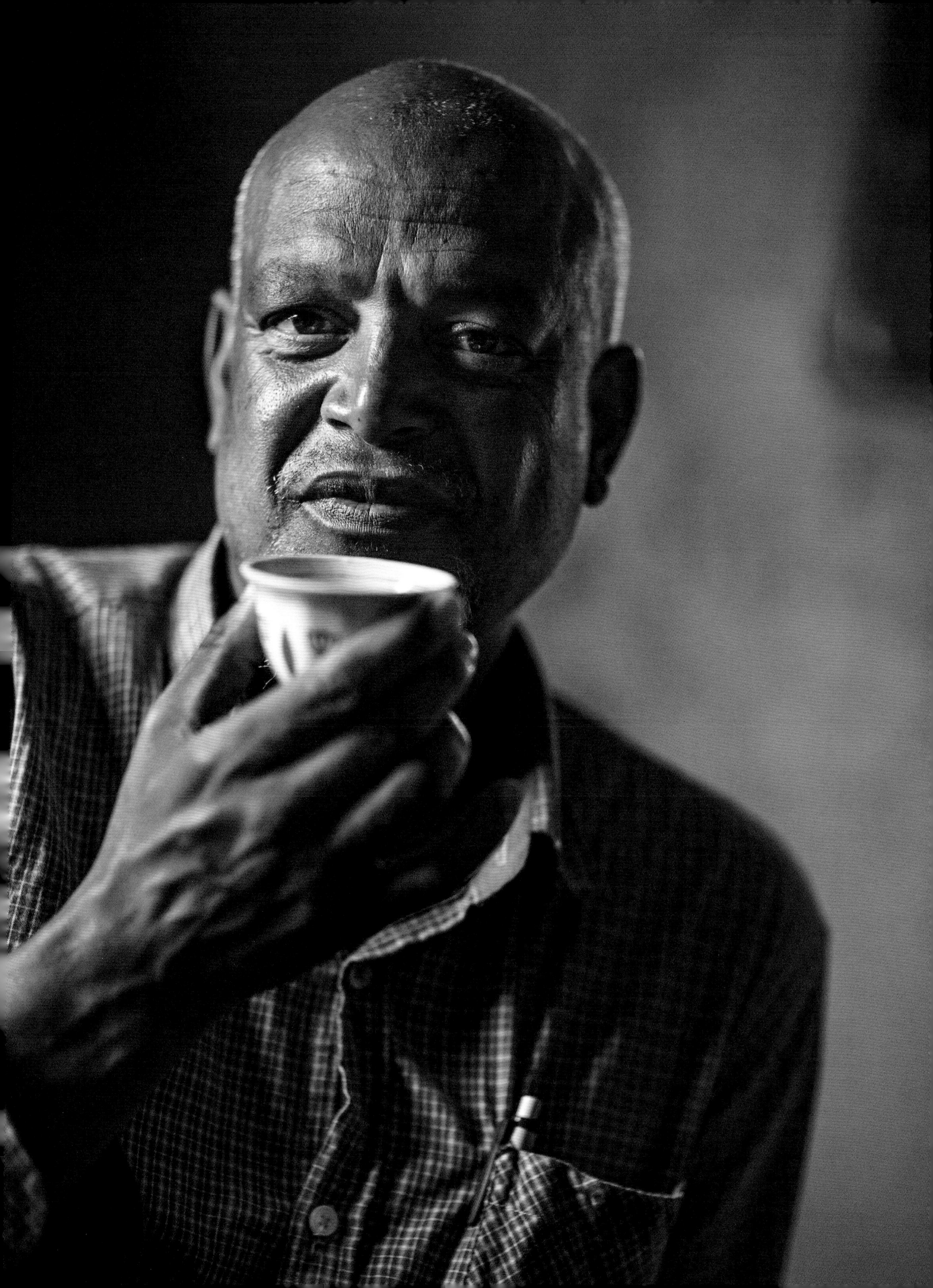

ITALIANO

MOCA

FAMIGLIA
TYPE
TURCO
TYPE
AMBO

BAR TYPE
SWEDISH TYPE

MY WISH ENTERPRISE PLC

第247页：亚的斯亚贝巴市的圣玛丽教堂。

第248-249页：阿比西尼亚帝国皇帝孟尼利克二世（Menelik ll 1889-1913）的大理石石棺，位于亚的斯亚贝巴。孟尼利克是现代埃塞俄比亚国家的缔造者，他使埃塞俄比亚的咖啡摆脱了负面影响，是使咖啡在埃塞俄比亚流行的关键人物。如今，埃塞俄比亚人人都喝咖啡。

第250-251页：奥罗米亚州的清晨。

贸易与出口

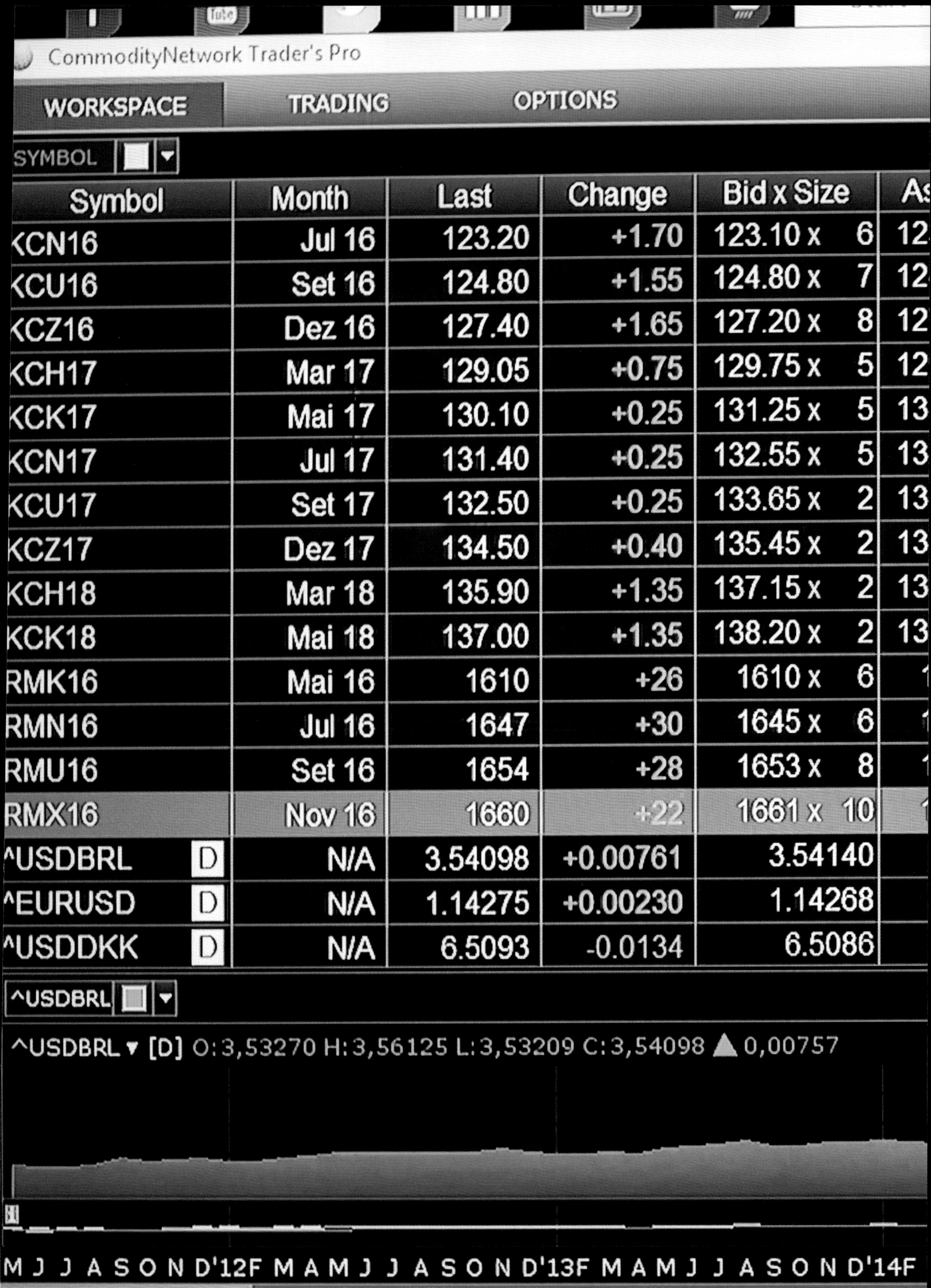

CommodityNetwork Trader's Pro
WORKSPACE
TRADING
OPTIONS
SYMBOL
Symbol
Month
Last
Change
Bid x Size
KCN16 Jul 16 123.20 +1.70 123.10 x 6
KCU16 Set 16 124.80 +1.55 124.80 x 7
KCZ16 Dez 16 127.40 +1.65 127.20 x 8
KCH17 Mar 17 129.05 +0.75 129.75 x 5
KCK17 Mai 17 130.10 +0.25 131.25 x 5
KCN17 Jul 17 131.40 +0.25 132.55 x 5
KCU17 Set 17 132.50 +0.25 133.65 x 2
KCZ17 Dez 17 134.50 +0.40 135.45 x 2
KCH18 Mar 18 135.90 +1.35 137.15 x 2
KCK18 Mai 18 137.00 +1.35 138.20 x 2
RMK16 Mai 16 1610 +26 1610 x 6
RMN16 Jul 16 1647 +30 1645 x 6
RMU16 Set 16 1654 +28 1653 x 8
RMX16 Nov 16 1660 +22 1661 x 10
^USDBRL D N/A 3.54098 +0.00761 3.54140
^EURUSD D N/A 1.14275 +0.00230 1.14268
^USDDKK D N/A 6.5093 -0.0134 6.5086
^USDBRL
^USDBRL [D] O:3,53270 H:3,56125 L:3,53209 C:3,54098 0,00757
M J J A S O N D'12F M A M J J A S O N D'13F M A M J J A S O N D'14F

气候与汇率推动市场

第255页：咖啡烘焙后再冷却。

第256-257页：纽约曼哈顿一座笔广场（One Pen Plaza）摩天大楼的顶层聚集着一些世界最大的咖啡贸易商，他们掌控着全球的咖啡市场价格。

购买高品质的咖啡，并为瑞典咖啡消费者带回合适的产品，并非易事。在与咖啡原产国的贸易中，咖啡出口公司既需要经验，也需要一些勇气。品鉴咖啡时要信念坚定，向对方提出混合新样品的要求后，如果感觉口味不好就要直接说“不”，这样才能准确描述出瑞典咖啡消费者喜爱的理想口味，还要确保瑞典当地的水质能与混合后的咖啡匹配。一般来说，瑞典所用的是世界上品质最高的咖啡，与其他北欧国家和日本并列。许多贸易公司和出口公司都抱怨瑞典咖啡买家的要求太高。

据巴西一家名为波旁精品咖啡（Bourbon Specialty Coffees）贸易公司的克里斯蒂亚诺·奥托尼（Cristiano Ottoni）介绍，瑞典和斯堪的纳维亚半岛其他国家的咖啡专家被认为是最专业的，他们和日本人都会购买品质最高的咖啡。

在瑞典，每人每年喝170升咖啡，相当于10千克，或每天3.5杯。瑞典年人均咖啡消费量全球排名第二，仅低于芬兰，如今瑞典人的咖啡消费量仍在不断增加。1960年，瑞典有9家咖啡烘焙店，而微烘焙的趋势带来了各种规模，如今瑞典已有近40家咖啡烘焙店。

全球80个咖啡生产区2500万咖啡农每年生产咖啡1.54亿袋，每袋60千克。据估计，全球咖啡行业的从业者超过1亿人，包括种植者与咖啡师。买卖双方商业交易后，数以百万麻袋的咖啡豆便被装进约

6 米高的集装箱，漂洋过海运往世界各地，抵达咖啡烘焙店所在的港口，来到咖啡饮用者的面前。

从最小的咖啡种植户，到大型合作社、国际贸易公司和出口公司代表，复杂链条中的每位参与者都扮演着自己的角色，确保着全球咖啡贸易的顺利进行。另一方面，他们又与全球市场上的烘焙公司谈判并出售咖啡。

我们常在图书和杂志中看到，咖啡是仅次于石油的最大消耗品。这听起来确实很有道理，因为全球有着巨大的咖啡消费群体。可即便如此，事实却并非这样。

据 2012 年的数据来看，2012 年全球咖啡出口总额为 200 亿美元，其中阿拉比卡咖啡 150 亿美元，罗布斯塔咖啡 50 亿美元。而石油出口额是它的 100 倍，总计 2 万亿美元。比较同一时期的其他主要商品，如铁的出口额约为 1500 亿美元，接近咖啡的 8 倍。

从农业部门及联合国粮农组织（FAO）比较大豆、小麦和棕榈油等农产品出口额的统计数据来看，40 年前咖啡出口排名的成绩最佳。1980 年咖啡以 121 亿美元的出口额排名第二，仅次于小麦 168 亿美元的出口额。自那之后，咖啡的排名稳步下滑，2010 年以 179 亿美元的出口额排在第十，而同一年，大豆排名第一，小麦排名第二。

如果我们将这些数据进一步分解，只看咖啡，那咖啡出口额最高时排在第三，仅次于棕榈油和天然橡胶。而发展中国家，咖啡出口额的排名常在第一和第二间变化，2010 年位居第二，仅次于烟草。

“我今天品尝了 126 杯咖啡。”约翰・迈耶笑着说。他从事咖啡贸易已有 38 年，具有丰富经验的他参加了今天的杯测活动，品鉴来自不同国家的咖啡样品。约翰是第三代咖啡贸易商，每天都在做着世界各地的咖啡贸易。“在美国，咖啡是营销、营销、再营销。”他说。

“有时咖啡可能会成为证券交易所交易的前三种交易商品之一。”约翰在他位于 44 层的办公室里说。办公室位于纽约第七大道与第八道大道之间的 34 大街，从各个方向远眺都可将曼哈顿的美景收于眼底。

咖啡市场极其敏感且波动大，我们需要对不同类型的信息及汇率波动及时作出反应。而要做到这一点，所有人都必须齐心协力。

“这不仅仅是供与求的关系，”约翰说，“这只是我们评估价值时需要考虑的一个方面。如果我们想了解咖啡的定价，就必须考虑诸如气候和天气趋势、汇率波动、经济趋势、农学和农业，以及能够抵御温度与病虫害的咖啡杂交品种发展状况等因素。在预测未来收成方面，遗传学知识将变得越来越重要。气候和汇率是推动咖啡市场发展的主要因素。”

美国最大的贸易公司罗斯福斯（Rothfos）的首席执行官丹尼尔·德怀尔（Daniel Dwyer）说：“我们交易的是一种虚拟商品，因为咖啡贸易是关于未来收成的交易。我们需要评估咖啡未来质量、预测天气和汇率趋势。”这家公司为美国市民供应了约 1/10 的咖啡需求量。“这一切都与市场定价有关，按一秒计算，每十秒，我们就会紧张地扫视置于各处的监控器，这样就可以监测到市场的变化。”

咖啡以美元与当地主要货币进行交易。考虑到巴西在全球咖啡贸易中所占的巨大份额，以及巴西雷亚尔（巴西货币）的波动性，巴西货币成为咖啡交易中需要密切关注的货币。

全球主要的咖啡证券交易所是纽约证券交易所和伦敦证券交易所。交易阿拉比卡咖啡的为纽约证券交易所，交易罗布斯塔咖啡的为伦敦证券交易所。丹尼尔·德怀尔和约翰·迈耶在曼哈顿摩天大楼里所做的一切，都对全球咖啡价格有着重大影响。纽约证券交易所的交易形式有期货、股票期权等，年交易量是全球咖啡年产量的 200 倍。

洲际交易所（ICE）是从事咖啡交易中的一家，它也决定着咖啡的定价。交易所于 2000 年由美国商业和金融公司创建，总部设在亚特兰大，由高盛（Goldman Sachs）、摩根士丹利（Morgan Stanley）、英国石油（BP）、道达尔（Total）、壳牌（Shell）、德意志银行（Deutsche Bank）和法国兴业银行（Societe Generale）投资。其拥有股票金融和商品市场的证券交易所和结算所，并经营着 23 个受监管的交易所和市场。ICE 最初专注于石油和天然气，但现在已扩大到糖、棉花和咖啡等软性商品的交易。

从 1882 年成立，从事咖啡、糖和可可的交易所（CSCE）开始，ICE 逐渐从一系列各有历史的组织中诞生，包括与纽约可可交易所（New York Cocoa Exchange）在内的几次合并，最终成为现在的 ICE。

2001 年 9 月 11 日那一历史性时刻，在恐怖袭击摧毁纽约世贸大厦双子塔之前，贸易商都是在世界贸易中心的底层关注着证券交易所的电子屏幕，在紧张躁动的气氛中进行交易。之后，技术发展改变了交易方式，人们开始投资咖啡的未来价值。如今人人都可坐在办公室，以电子交易的方式做所有的交易。

“今天有各种各样的新投资类型，如投资养老基金、对冲基金、指数基金，凡是说得出名字的都做咖啡交易，投资咖啡的未来价值，”丹尼尔·德怀尔说，“所有这些无法得到一个简单的概述，也不可能控制他们所做的事情。”

第261页：500千克的麻袋等待装运咖啡所用。

“咖啡贸易增长缓慢，但肯定是逐年增长的，”约翰·迈耶说，“1978年，我们公司签订了1000份合同，而到2017年，则一年签订了2.5万份。最初，通过认证的咖啡贸易港口只在纽约和新奥尔良，但现在迈阿密、休斯敦和弗吉尼亚也都有咖啡贸易港，甚至欧洲也有一些。也正是因此，咖啡交易的时间延长了5个小时，以应对交易量的增加。交易中的基本原则是：当咖啡价格涨到最高点时，无人买入；而跌至最低点时，又无人卖出。”

在过去十年，新兴的咖啡市场规模正在逐步扩大。市场10年期间增加的3200万袋咖啡中，近一半都在亚洲市场。日本和韩国的咖啡消费水平正在接近欧洲。如今中国是世界人口最多、经济规模第二大的国家，咖啡年消费量目前排在21位，仅次于乌克兰，年生产150万袋。中国的人均咖啡消费量为每年2杯，而在世界上喝咖啡最多的国家——芬兰与瑞典，人均每天的咖啡消费量是3.4～4杯。中国本土生产的阿拉比卡咖啡有100多万袋，主要出口至欧洲，这一数字与从越南进口的罗布斯塔咖啡数量相当。罗布斯塔咖啡主要制成速溶咖啡供国内消费。在过去5年中，中国城市消费者的需求量几乎翻了一番，尽管在世界中仍处于低位。如今，中国的咖啡消费量不到全球的1%，但预计到2024年，这一数字还会翻番。

中国咖啡消费量增长的主要原因有：年轻消费者的增长；中产阶级的崛起和整体生活水平的提高；女性消费者的增加；数千家咖啡店在中国各地涌现；针对中国人的口味，各地咖啡馆营造了温馨的氛围，并提供了优质的服务；牛奶消耗量的增加；增加了专业化、定制化的饮品，并更加重视服务。目前主要的咖啡消费城市有：北京、广州、上海、杭州、成都、武汉、南京、青岛、苏州。根据中国咖啡协会的说法，咖啡将慢慢渗入到中国更多的地区。

主要的咖啡种植者采收咖啡后，若想要得到特定的价格，可以通过经纪人在股票交易所出售期货。纽约交易所买卖双方协议中的最低合约（一股）为17吨。由买家（烘焙店和速溶咖啡店）在证券交易所购买合约所得。实际上，证券交易显示了全球咖啡价格指数。

许多种植者是合作社的成员。种植者将采收后的咖啡卖给合作社，合作社再将收购来的咖啡进行加工处理。将咖啡卖给合作社的时间，完全由

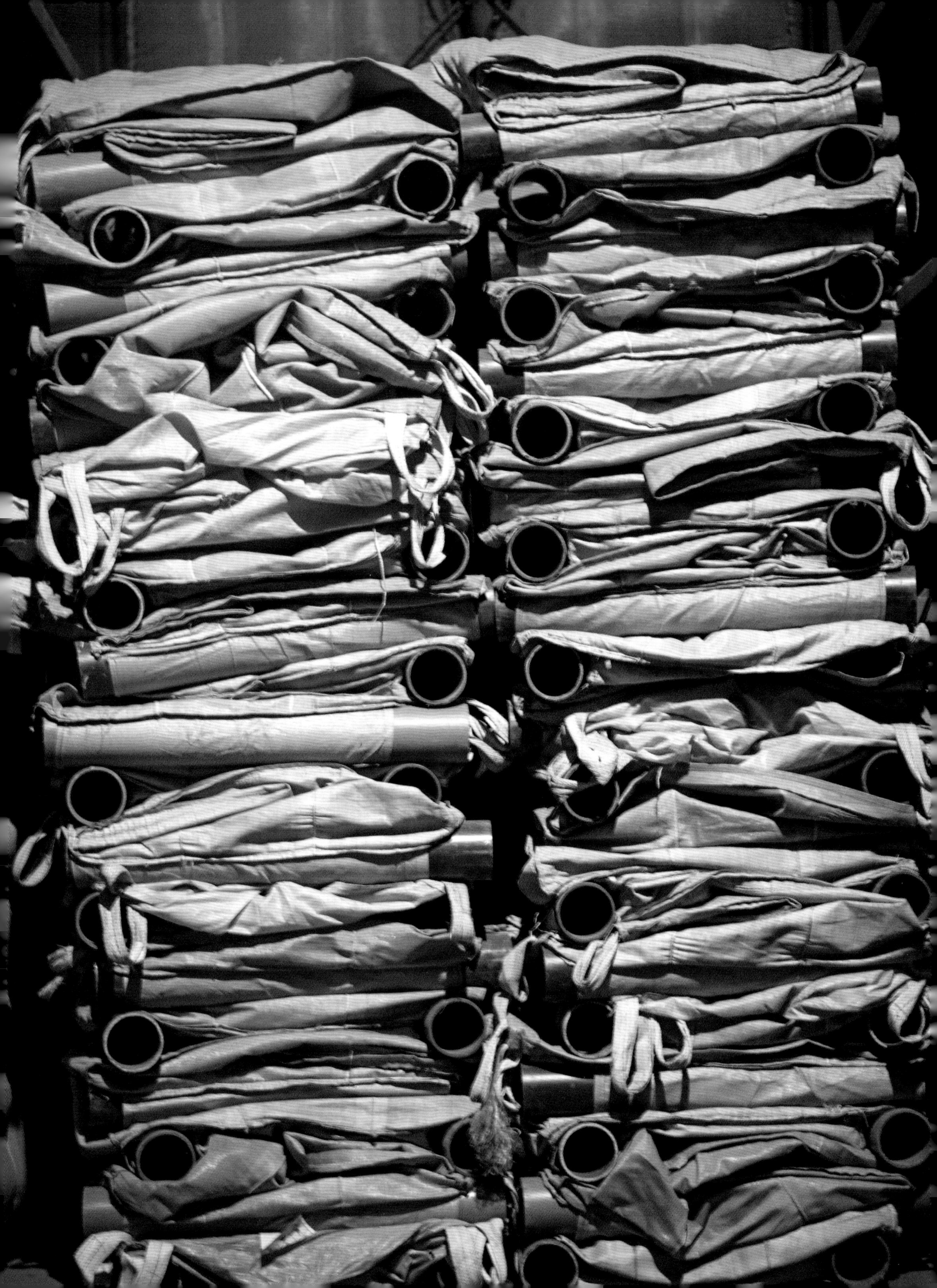

咖啡农自己决定，而合作社再将加工处理后的咖啡依次卖给出口公司的国际经销商及贸易公司。

合作社也为种植者提供了重要的支持，如培训、农艺指导、有折扣价格的拖拉机等设备，以及养老基金和保险等。咖啡种植园的规模各不相同，最大规模的有3000多公顷，最小的只能在自家土地种50棵咖啡树。小型种植园经常在种植咖啡的同时，也种植大豆、甘蔗和玉米，以使种植者收支平衡，降低收成不佳与咖啡价格下跌等相关风险。

从事咖啡交易的贸易公司起源于德国、瑞士和英国等从事咖啡与茶贸易的公司。他们在咖啡、茶、可可、糖和棉花等软性商品方面，拥有雄厚的资金，同时也在不同国家设有分机构，有专业知识和财务来源。主要的国际烘焙公司如亿康（Ecom）或罗斯福斯，需要多元化的合作伙伴，为其提供来自世界各地不同品质的产品。

除了贸易公司和出口商，国际经纪商也从事咖啡交易。他们中包括巴西的沃尔特斯联合公司（Wolthers & Associates），通过出口公司为咖啡农提供代理服务。沃尔特斯并不从事咖啡买卖，却能在一年中交易300多万袋咖啡。这些经纪商代理大型种植园、出口公司、世界各地大大小小的烘焙店之间的贸易。他们知道买卖价格，可以在复杂的交易系统中帮助各方做协调，也会密切关注市场动态，对整个市场有大致的了解，包括咖啡农、出口公司、烘焙公司和各种各样的价格。经纪商通过赚取佣金获得回报，可以保持中立，因此与所有行业中的不同参与者都保持着良好的关系。

杯测品质优良的咖啡，意味着品质等级高，常销往瑞典、芬兰、挪威、日本与韩国。总地来说，瑞典每年购买的咖啡量为160万袋。

有出口许可证的种植者并不多，大多数种植者总是通过出口公司或贸易公司与市场打交道。这些出口公司与贸易公司的基本理念是：种植者做他们最擅长的事，即种植咖啡；而出口公司与经销商也同样做他们最擅长的事，即交易咖啡。出口公司已了解到不同购买市场的口味偏好，并将从种植者处买来的咖啡，混合成8种不同的品质等级，以适应每种特定市场。如全世界咖啡生产商都知道，瑞典要求的是最高品质等级，而巴尔干半岛诸国则想要里奥米纳斯（riominas）。在瑞典人眼里，里奥米纳斯是一种瑕疵咖啡，因而不能饮用。

“长期以来，咖啡都很便宜。它是一种劳动密集型产业，是个低技术行业，需要大量的手工劳作与时间耗费——而仅是买杯咖啡的时间，就能处理完几厘米厚的文件。”丹尼尔·德怀尔说。

“另一方面，我们在整个咖啡产业链中实现了一种平衡，”约翰·迈耶说，“咖啡农可以此谋生，消费者也可买得起咖啡。”

咖啡豆，从咖啡农到消费者

1. 咖啡农把他们的咖啡豆交给出口公司。对于咖啡农来说，不管种植规模的大小，能有自己的出口许可证者很少。咖啡农可将不同形式的咖啡卖给出口公司，根据每个国家的惯例，可以是半加工的生豆或是包有“羊皮纸”的生豆，也可以是新采摘的咖啡浆果。

2. 出口公司将从咖啡农那里采购的咖啡豆，在自己的工厂中处理加工，然后根据咖啡豆的大小和风味来分级，去除所有破损和有缺陷的豆子。被筛选出的有缺陷的咖啡豆，会留在原产国供当地消费者食用。

3. 出口公司可以通过贸易公司或经纪商，向世界各地的烘焙店销售和推广他们的咖啡豆。在意大利，人们喜欢大颗粒的咖啡豆，因为它的视觉观感更强，更能吸引人——按照传统，咖啡豆是会展示给最终消费者的；而在瑞典，咖啡是磨碎的，因此人们可以使用小颗粒的咖啡豆。而无论咖啡豆大小如何，它们的基本口味和品质都一样优质。或者更准确地说：大粒豆子通常稍好一些；而圆豆的质量更均匀，密度更高。

4. 出口公司和烘焙公司根据质量和需求商议价格，即溢价或折扣。这通常在咖啡出口前的 2～3 个月。对于急需的情况，贸易公司会有现货市场，不过价格较高。

5. 在咖啡运往国外前的一个月，出口公司会将咖啡样品通过快递寄往各国烘焙店的采购部审批。若审批通过，出口公司将混合来自不同生产商和地区的咖啡豆，但只在同一质量区间内。一种混合的咖啡豆，可能含有一个国家数百家不同生产者所生产的豆子。

6. 出口公司将咖啡豆按照烘焙店的要求混合后，装进能承载 60 千克咖啡的麻袋中，或是能填满整个集装箱的聚丙烯大袋中，之后装进集装箱。所有的咖啡豆都会装进集装箱，用集装箱船运往世界各地。集装箱的标准长度为 6 米，所有集装箱都是密封的，除了收货人外，任何人都不能打开，这样可以防止偷窃，或是被调换成等级较低的咖啡豆。3～4 周后，来自巴西桑托斯的船只抵达德国汉堡、不来梅或荷兰鹿特丹，在那里，这些咖啡豆改换为小型货船运输，再运往瑞典。

7. 烘焙店从它所在地的港口码头接收货物，将咖啡豆倒入隔离筒仓，然后取样。采购部门品尝咖啡后，批准生产。

8. 瑞典的咖啡贸易，每天、每周都在进行着。通常，来自五六个不同原产国的咖啡豆混合后，制成最终的咖啡，但也有来自一个国家单一品种的咖啡，这称为单一来源。

9. 一旦咖啡豆按照烘焙店的意愿和配方混合后，便可进行烘焙。无论何时烘焙，电子比色计都可以确保每颗咖啡豆的颜色一样。不管是最初状态，还是烘焙、研磨和包装中，必须始终保持咖啡豆的品质相同。

10. 整粒出售的咖啡豆会直接包装。因烘焙后的咖啡豆是软的，用于研磨的咖啡豆须在气密筒仓中至少放置 8 小时，以达到尽可能均匀的研磨效果。

11. 研磨咖啡。如今，咖啡研磨机的研磨质量已非常高，可以达到有史以来最佳的研磨效果。这是由于轧辊机的水冷却后，整个研磨系统中采用了更好的材料，有更好的轧辊技术与凹槽。目前的咖啡研磨，可以在不受氧气影响下进行，以防止氧化。

12. 研磨后，将咖啡包装，运送至批发商的配送中心，然后再运送到咖啡店。

第265页：可可果。当咖啡从非洲运往南美洲和中美洲时，可可果从南美洲和中美洲运到了非洲。

第266-267页：纽约曼哈顿罗斯福斯办公室的景观。

丹尼尔·德怀尔，美国最大咖啡贸易公司罗斯福斯公司的首席执行官。罗斯福斯公司为美国人供应着约1/10的咖啡消费量。

约翰·迈耶，第三代咖啡贸易商，从
事咖啡行业已38年。

112
JOSCI
otimizando o pós-
05-100-TBH-003

Antônio
vinilona
sansuy
ELEVADOR
2
GUERRA

第270-271页：从瓜苏佩（Guaxupé）地区合作社收集咖啡小费的信息。

第272-273页：以前的运输：从筒仓输送到装载出口的咖啡管道。

第274页：巴西桑托斯亿康咖啡集团准备出口咖啡。

第275页（上图）：桑托斯的科夫科·阿格里（Cofco Agri）在买卖咖啡。

第275页（下图）：科夫科·阿勒在评定咖啡质量。

第276-277页：埃塞俄比亚亚的斯亚贝巴法赫姆种植园的出口仓库。

第278-279页：桑托斯的亿康咖啡集团。杯测和质量校准。

in Coffee
WHEEL

杯测

决定了我们将喝到哪种咖啡

咖啡是一种农产品，每次采收的口味都会有些不同。持续的气候变化会明显改变咖啡的风味，这意味着咖啡烘焙公司可能要改变种植区域，以保持咖啡的风味。烘焙店的采购者每天都在品鉴咖啡，检测咖啡的质量，这样年复一年、日复一日，始终使消费者能得到他们想要的咖啡。咖啡样品有的是送到不同购买国家的烘焙店，有的是在咖啡产地接受测试与品尝。来自咖啡馆的买家会定期拜访咖啡产地的贸易公司与出口公司，也去种植园看，并品尝最新的咖啡品种。他们之间有着长期合作的关系，彼此相互了解。卖方了解买方所需，买方知道卖方所能提供的产品。

卖方提供了大量用于杯测的咖啡样品，在杯测中，买方可以品尝咖啡。样品可以代表一个地区或农场的咖啡风味，而不同国家、城市与地区水质的不同，也会影响咖啡的风味。劣质的水可以掩盖咖啡的某些缺陷，买方须考虑并意识到这一点。在巴西，喝上去味道不错的咖啡可能到了瑞典后，并不适应瑞典干净且无氯的水。瑞典的水质相对软，因此更能体现咖啡的酸度与芳香度等。买家一直都在寻求与瑞典水质匹配的咖啡，寻求咖啡酸度、醇度与芳香化合物之间的平衡，这是在咖啡测评时必须记住的。但还必须考虑到，特定的咖啡到瑞典后，下一阶段的适应性，即在烘焙店制作的混合咖啡中，还有来自其他五个国家的咖啡。当然幸运的是，卖家并没有意识到这一点。

国际杯测规则极为严格。为了能将不同咖啡作比较，以确定咖啡的质量，杯测中的技术条件必须始终相同。杯测过程决定了瑞典咖啡消费者将喝到哪种咖啡。

根据精品咖啡协会（SCA）的杯测标准：

10克新鲜烘焙的咖啡，味道淡于中度烘焙的咖啡。研磨后的咖啡类似法式滤压壶咖啡（cafetière coffee），倒入碗中后，须在研磨后15分钟内品尝，之后将研磨后的咖啡粉倒入200毫升92～96℃的水中。

研磨咖啡时做的是圆周运动，以确保味道能更好地混合。之后将咖啡粉闷4分钟，再用勺子将被打湿的咖啡粉在杯中搅拌三四次，待呈现汉堡状突起时，再用勺子将其搅开，这时品尝者便可闻到勺子背面咖啡的味道了。

杯测勺是一个圆形的碗状勺子，用于品鉴咖啡。之所以要用勺子，是因为品鉴者可以快速测试许多不同的咖啡产品。就像品鉴葡萄酒一样，品鉴者将咖啡吸进口中，我们的口腔中充满了咖啡液体，以舌头和上颚的不同部位，可以品出不同的味道。

在杯测过程中，浮在咖啡表面的残渣已经沉到了底部。这时杯子还很热，需要让它慢慢冷却。第一轮品鉴时，咖啡的温度应在55～60℃。这是为了让品鉴者可以在咖啡过多冷却之前，有时间分辨出某些特定的味道特征。

品鉴后的杯测笔记，常会有如下记录。

洪都拉斯的卡杜拉咖啡豆：

“干净、清澈，酸味不占主导，有令人愉悦的果味，醇度平衡。它是一种带有花香味的红色浆果，典型的中美洲咖啡，可用于混合几种过滤咖啡和浓缩咖啡。”

第281-283页：品鉴咖啡。

第284-285页：巴西桑托斯第五大街上，一条通向老咖啡交易所的街道。大多数贸易公司和咖啡出口商都集中在此。

第286-287页：巴西桑托斯，世界上最大的咖啡港。

第288-289页：一艘装载咖啡的集装箱船开出桑托斯港，船身长6米，装满咖啡的集装箱填满了整艘船。

Downtown

MAERSK

RIO NEGR
HAMBURG

HAMBURG SÜD

咖啡生产国

尼加拉瓜 | 通向未来的桥梁

第293-295页：尼加拉瓜马塔加尔帕地区的午后。

每个咖啡生产国都视自己生产的咖啡为最优。他们总是自豪而热情地炫耀自己的咖啡，声称没有比其更好的。尼加拉瓜如此说，肯尼亚、巴西、澳大利亚、印度尼西亚也是一样，更不用说埃塞俄比亚和其他著名的咖啡生产国。话虽如此，尼加拉瓜并不是唯一一个国家，认为他们生产的高品质咖啡归功于其富含矿物质的火山土壤。尽管也有各种不同的意见，但或许在中美洲，他们生产的咖啡确实最好。

在马塔加尔帕（Matagalpa）的山区，如今咖啡农有些担心，他们优质的咖啡品牌会受到大西洋沿岸一个研究项目的影响。研究项目中开发的罗布斯塔咖啡，质量不如马塔加尔帕闻名世界的阿拉比卡咖啡。马塔加尔帕生产的阿拉比卡咖啡酸度相对较低，有着黑巧克力、坚果的浓郁味道，咖啡豆颗粒饱满。

尼加拉瓜在经历几年的咖啡低产后，又开始增加了咖啡的出口量。咖啡农们预计即将到来的咖啡收成产量能增加 5%～6%。在种植园的新形态、现代化修剪，以及应对气候变化的新方法方面，他们已经有意识地做了几次调整，这些都让尼加拉瓜的咖啡种植者有充分理由对咖啡增产持乐观态度。他们已经培育出了 20 种不同的克隆杂交品种，而有两种已经适应了土壤与环境，产量很高，并已商品化。现在的产量是平均每公顷产 12 袋咖啡生豆，而潜在产量将是现在的 2 倍。尼加拉瓜不仅咖啡出口量有

所增加，目前糖、糖精、虾、豆类和坚果的出口量也都在增加。95% 的咖啡用于出口，其中 60% 出口到北美洲，包括供应给星巴克和麦当劳，25% 出口到欧洲，15% 出口到亚洲。

关于咖啡是如何且何时传到尼加拉瓜的，有着不同的故事版本。一种说法是这一切始于 1740 年左右，当时天主教传教士们定居在大西洋沿岸的布鲁菲尔德（Bluefields）地区，他们种植咖啡更多是为了打发时间，而不是创业。何塞・德洛丽丝（José Dolores）和戈尔迪亚诺・塞拉亚（Gordiano Zelaya）在首都马那瓜附近的山区建立了第一个经济种植园。拓荒者曼努埃尔・马图斯・托雷斯（Manuel Matus Torres）和他的妹夫在希诺特加（jinotega）的拉塞瓦（La Ceiba）和拉几内亚（La Guinea）农场也建起了同样的种植园。

据尼加拉瓜亿康咖啡集团的维克多・贝伊斯（Victor Beis）推测，第一批咖啡树或许是种植在太平洋沿岸海拔 400 ~ 600 米的卡拉佐（Carazo）。之后咖啡继续它的旅程，传到了希诺特加、马塔加尔帕和新塞哥维亚。直到 100 年后，随着全球需求量的增长，咖啡才有了经济意义。在尼加拉瓜，1840 ~ 1940 年是咖啡市场的主要繁荣期。强制贷款和因战争招募军队而导致的资金和劳动力短缺，使许多人不敢投资于咖啡这种需要大量前期投资的农作物，因为一旦投资后，要等上三、四年才能有经济回报。因此，政府试着放宽外国公司的投资政策，降低土地购买难度，并鼓励大型种植园申请国家补贴，种植 5000 棵咖啡树以上的种植园，每棵树可获得 5 美分的补贴。

今天，尼加拉瓜的咖啡种植者有了更加光明的未来。海拔 1100 ~ 1700 米的希诺特加、海拔 1100 ~ 1400 米的马塔加尔帕，以及海拔 1100 ~ 1650 米的新塞戈维亚，这三个咖啡产区共有 4.55 万名咖啡生产者，其中 1% 的生产者年生产的咖啡超过总生长量 20 万袋的一半。尼加拉瓜的 610 万居民中，以咖啡为生的人高达 30 万。在马塔加尔帕北部，购买一块种植咖啡用的土地，咖啡农只需花 2000 美元，而同样大小的地块，在新塞戈维亚地区附近，要花费近 1.6 万美元。只因那里的海拔增加了几百米，土质更好，生产出的咖啡质量更优，与低海拔地区的种植品质相比有不小的差别。

汽车从马那瓜出发，载着我们平稳地穿过山区，驶向马塔加尔帕地区的山脉和咖啡种植园。离开首都后，我在城南郊看到了“中美洲（Centroamerica）”的标志。27 年前，我住在中美洲的一户人家，弥尔顿

（Milton）是家里的年轻人，与我同岁。我认识他是因为他是萨尔萨的音乐家，总是忙个不停。他或多或少劝过我和他的家人住在一起。

尽管困难重重，但咖啡仍是1992年尼加拉瓜的主要出口商品。而到1999年和2013年，咖啡价格暴跌，咖啡农再次面临艰难时期，咖啡行业再次遭受重创。该国六大银行中有三家倒闭，因为他们的大部分财务收支都与咖啡行业有关。

自1989年起，我就再也没有带着相机去过尼加拉瓜。我记得那次去时，除了脚疼之外，每天晚上都有一群拿着吉他和朗姆酒，跳着萨尔萨舞[1]的拉丁美洲人过来，一晚上都在疯狂跳舞。

我说服司机在黑暗中右拐，为了赶时间，司机好心地绕了个小弯路。我绞尽脑汁地回忆着这条路，一块石头、一个转弯处和一些低矮的建筑物，在我的脑中浮现。周围一片漆黑，所有的房子看上去长得一样，还有些改造与重建的房子夹在其中，一切变得难以辨认。我让司机转了个弯，再左转，开到街的尽头，突然，记忆里的那块石头跳了出来。我赶忙跳下车，敲了敲确定是正确的那扇门。在我离开的27年里，所有可能发生的事情都在我的脑海中闪过：有些人或是所有人或许已经去世，或是搬到了别处。一个约30岁、高大英俊的男子打开了门，惊讶地看着黑暗中的我。

"您好，我想找弥尔顿·吉伦（Milton Guillen）。"我说。

"哦，他不在了。"

"对不起，这太遗憾了。发生了什么？一场意外或是疾病？"

"不，不，他还活着，但不住这了。"

"你认识他？"

"当然，我是弥尔顿姐姐的儿子，叫卡米洛（Camillo）。"卡米洛！我最后一次见到他时，他才3岁。而现在，他站在我的面前，抱着一个3岁的孩子。

就在这时，弥尔顿的姐妹们带着儿孙从街上冲过来，喊着我的名字。我们依次拥抱和亲吻，他们从盒子里拿出所有的旧照片，时光重回到我们曾在一起时的那段美妙回忆，一段欢乐的时光。

几秒钟后，前门打开了，一群人拿着吉他和朗姆酒一起跳着舞，仿佛又回到了27年前。这是一种似曾相识的体验，唯一去世的是老母亲，但她的骨灰就放在屋里，在走廊抽屉柜那个重要的盒子中。

我们的司机咳嗽了一声，暗示我该走了。27年后的短暂相见，得到的

[1] 萨尔萨舞：一种拉丁风格的舞蹈，其热情奔放的舞风不逊于伦巴、恰恰，但却比它们更容易入门。——编者注

比我想象得更多。至于咖啡，我记得27年前，弥尔顿笑着去看那些所有为了支持新政权到尼加拉瓜采摘咖啡的瑞典人，“他们很想来帮忙，虽然咖啡农并没有叫停，还让他们继续干下去，但实际上，他们对种植园的破坏比他们帮的忙更多。”弥尔顿笑着说。

5个小时后，我们下了车，眼前便是尼加拉瓜最大的种植园芬卡－拉库普利达（Finca la Cumplida）。它位于北部马塔加尔帕的地区，种植有500万棵咖啡树，占地1700公顷，其中近800公顷是咖啡树，由330名工人管理。在咖啡收获季，工人们需要手工拣选红色咖啡樱桃，以满足瑞典和其他国家买家的苛刻要求。这时会有1500人坐着卡车来到种植园，以弥补人手的不足。许多采摘者戴着彩色手镯，以帮助他们辨别出哪些咖啡樱桃已经熟透，可以采摘，而将其余未成熟的留到以后再摘。芬卡－拉库普利达种植园符合咖啡认证要求（UTZ认证与雨林联盟），并为采摘工人建起住所与学校。芬卡－拉库普利达不仅是咖啡种植园，某种程度上，它也有秘密研究、实验与开发咖啡的综合功能。这里产生出由叶片碎片发育而来的细胞克隆、杂交克隆、嫁接品种，并通过修剪咖啡树顶部以保留树木特性，否则每隔几代，咖啡树就会有几个百分点的变异。克隆实验室是一种介于研究与种植者间的桥梁，是对抗疾病和气候变化的一种对未来的投资。种植园中有丰富的动植物多样性，令人惊叹。90%的咖啡树是卡杜拉（Caturra）品种，但也有卡蒂姆（Catimor）、卡杜艾（Catuai）、波旁和帕卡玛拉（Pacamara）品种。包括著名且昂贵的瑰夏品种在内，所有这些品种都用于实验。实验后发现，60%的品种对锈病有抵抗力，而2%的是不同品种混合后的。

芬卡－拉库普利达种植园在2016～2017年度共生产2.14万袋咖啡。[1]这些咖啡多数用于瑞典的烘焙店，最终通过瑞典的超市，进入人们的厨房。90%的尼加拉瓜人喝加糖和牛奶的冻干咖啡。

如今，芬卡－拉库普利达种植园由克莱门特·庞顿（Clement Poncon）夫妇和克莱尔·庞顿（Claire Poncon）经营。故事始于一个拒绝服兵役的法国人克莱门特，他被派往尼加拉瓜，在一家石油公司工作。克莱门特最终遇到了奥斯瓦尔多·拉卡约（Oswaldo Lacayo），一位将军与工程师。他们于1993年联合起来并购买了他们的第一个咖啡种植园。奥斯瓦尔多·拉卡约能买到土地的原因，不仅因为他的人品，还在于他是尼加拉瓜人。因为非尼加拉瓜人是不允许在当地购买土地的。

[1] 相当于2.8万公担。“公担”为中美洲的计量单位，用于咖啡行业。1公担=100磅或46千克。——作者注

收获季的种植园，时间显得很长。卡车的远光灯穿透了浓密的黑暗，咖啡工人们正一个接一个地回到车中清空他们的红色咖啡樱桃。太阳落山后，黑暗笼罩着群山，可采收工作却仍在继续。这是12月份马塔加尔帕的收获季，成千上万的咖啡工人正努力地采摘，在最佳时间摘下红色咖啡樱桃，之后再进入加工过程。在将浆果中包裹的豆子发酵与干燥前，需先剔除果肉和坏的浆果，并将成熟的浆果与未成熟的分拣出。咖啡工们凌晨四点便到达种植园，在上山坡采摘前吃完一顿丰盛的早餐。在一天的采摘结束，吃完已延迟的晚餐，当天的工作才算结束，再换下一批工人在生产链上继续工作。工人们采摘的速度越快，咖啡豆的风味和香气便越佳。末班卡车在晚上10点出发，人流退去，种植园恢复了寂静，黑夜再次笼罩。

第300-301页：在尼加拉瓜芬卡–拉库普利达种植园，咖啡工人们正在采摘咖啡樱桃。

第302-303页：咖啡工人忙完一天的采摘后，休息放松。

第305页：尼加拉瓜拉库普利达种植园也在进行可可豆的生产试验，图中为切成两半的可可果。

第306-307页：正在晒干的、带“羊皮纸”的咖啡豆。

第308-309页：尼加拉瓜山区。

第310-311页：尼加拉瓜埃斯特利北部奥马尔–欧特（Omar Ortez）雪茄厂的雪茄烟和雪茄产品。

Se estara rezon-
do a Partir de
las 4:00Pm Para
la novena todos
los dias
C'frut
Atreverse es C'frut
C$ 6

澳大利亚 | 继续说咖啡

“评估咖啡只看味道。所以，实际上我不是在卖咖啡，我是在卖味道。”马克·布利万特（Mark Bullivant）说道。他有着40年的咖啡从业经验，是澳大利亚退伍军人从事咖啡业中的一员。作为一名独自经营者，他管理着拜伦布鲁（Byron Blue）咖啡庄园，占地165公顷，种植有5万棵咖啡树。他主要种植的品种是肯尼亚K7，这几乎是澳大利亚每位种植者都会种的品种，此外还种植有一些SL34和卡杜艾（Cataui）。种植园坐落在海边的库伯修特（Coopers Shoot），拥有朱利安岩石（Julian Rocks）、拜伦湾灯塔（Byron Bay Lighthouse）、布里肯海德角（Broken Head）和伦诺克斯海德角（Lennox Head）的壮丽景观，距离班加罗（Bangalow）村有5千米。当他不在库珀修特打理咖啡树时，便在巴利纳小工业区自己的烘焙店里。马克用自己的燃气炉普罗巴特－威尔克斯特（Probat-Werkerost）来烘焙咖啡，还把烘焙炉租给同事。之外，他也在培养未来的咖啡师。库珀修特是世界上最南端的咖啡经济种植园，“比巴西南部的更远。”马克说道。

我们眺望大海，看到了澳大利亚最东端著名的拜伦湾灯塔。我的视线正沿着大海越过海平面，驶向世界另一端的南美洲。在智利首都圣地亚哥北部，我看不到任何的陆地，只能看到一片朦胧灰色海洋的海平线。就在这时，海的不远处一幅壮观的景象出现了。一群鲸鱼正在进行每年一次的向南迁徙，穿过澳大利亚，游向南极洲。

第317页：澳大利亚宁宾（Nimbin）。

第318-319页：拜伦布鲁咖啡庄园。咖啡树生长在海拔80米的海边处。园中共有5万棵咖啡树，主要是肯尼亚品种K7。它被认为是最适合当地自然条件的品种，也因此受到澳大利亚农业部门的推荐。部分果实为机器采收。

“这些鲸鱼一直在北方繁衍后代，而现在海水正在变暖，它们将下一代带到了南方。”马克解释道。

美丽的哺乳动物最终消失在远处，海浪在暴风雨中猛烈拍打着岩石，浓密的乌云笼罩着海面。

澳大利亚是个充满活力、热爱咖啡的国度。作为英联邦国家的一员，若你认为茶是这里最受欢迎的饮料，这可以理解，但咖啡越来越有影响力，并逐渐代替了茶。50 年前，澳大利亚年人均咖啡消费量为 1.2 千克，而 2011 年这一数字增至 4 千克。另一方面，茶的消费量正在同比减少，同期从 1.2 千克降至 0.5 千克。

站在马克·布利万特拜伦布鲁咖啡庄园一排排的咖啡树间，我看到了大海，这里与我曾了解的有关咖啡的一切完全不同。我眺望海面，听着海浪声，亲眼见到的是咖啡树生长在一个非常低的海拔区域。而之前的了解一直是优质的咖啡树缓慢生长在温度寒冷的山区，海拔在 1200 米，或更理想的海拔是 2000 米，最好有其他树木为其遮阴。只有品质低的咖啡树和罗布斯塔咖啡树才生长在低海拔地区，但拜伦布鲁庄园的咖啡树却生长在海拔 80 米处，这怎么可能。即便如此，人们却都认为拜伦布鲁庄园生产的是优质咖啡，马克说这里产的是世界上最好的咖啡。澳大利亚咖啡的酸度很低，这是低海拔自然形成的，但却味道浓郁、香味丰富。

“在澳大利亚，咖啡不是一种易种植的作物。我们是发达国家，生产成本非常高，而我们这种异国口味的咖啡，又需要全世界的更多了解。”马克说。

一些澳大利亚人认为，北半球很少有人相信澳大利亚的咖啡文化会非常成熟与开明，澳大利亚前总理保罗·基廷（Paul Keating）在谈起澳大利亚咖啡时，就用了“世界尽头”一词来形容。另一位澳大利亚咖啡界的杰出人物彼得·巴斯克维尔（Peter Baskville），拥有 15 家咖啡馆和 30 年的从业经验。他自问：“一个与世界其他地区如此远离的国家，是如何开发出世界级水平的咖啡?”又自说，答案就在一些意大利和希腊难民的行李中。这些人 20 世纪初来到澳大利亚，将这里当作自己的家，而第二次世界大战结束，欧洲变成一片废墟后，又有更多的人乘船来到了澳大利亚。意大利浓缩咖啡文化于 20 世纪 50 年代开始在澳大利亚流行，至 20 世纪 80 年代蓬勃发展。

彼得·巴斯克维尔认为，澳大利亚咖啡文化的独特之处是：这里不仅更痴迷于高品质的浓缩咖啡，还研发出一套制作高品质意式浓缩咖啡的方法。这是他历经艰辛才认识到的。2000 年星巴克在澳大利亚开了 84 家分店，但 8 年后，其中的 61 家门店却被迫关闭了。

澳大利亚人认为，星巴克并没有提供他们在当地独立咖啡店能享受到的咖啡品质。澳大利亚人更愿意去感谢移民，是他们带来了今天的咖啡文化，而不是归功于国际连锁店。在澳大利亚 6500 家咖啡店和烘焙店中，有 95% 是小型的独立咖啡店，只有 5% 是连锁店。其中最小的连锁店是星巴克，有 22 家分店；最大的是格洛丽亚－琼（Cloria Jean），在全国有 300 家分店。

我徘徊在咖啡种植园的四周，想到身处澳大利亚腹地，一切必须小心谨慎。除了所有会跳的袋鼠，这里还有世界上最大的鳄鱼和最多的毒蛇。这次，我没有印度尼西亚那样会唱歌的司机，也没有埃塞俄比亚、肯尼亚、尼加拉瓜和其他国家那样嚼着阿拉伯茶的司机，这次只有我一人，开着一辆租来的汽车，在卫星导航系统的陪伴中前行。我离开了理查德·布拉德伯里，从卡罗尔（Carool）的维鲁庄园（Wiru Estate）驶向宁宾的山顶咖啡种植园（Mountain Top），去看望伯尼·鲁尼（Bernie Rooney）。这时卫星导航发出了令人不悦的滋滋声，提示信号不在覆盖范围内。显示器的屏幕闪烁，之后变成了一片空白。穿过灌木丛的路狭窄又崎岖，而我随身带的地图又显得尤为粗略。这条路通向哪儿？我的车燃料够吗？会不会走错路？最重要的是，我会不会被鳄鱼吞掉，或被蛇咬伤？我闻到了澳大利亚鳄鱼邓迪（Crocodile Dundee）的味道，好在一个多小时后，我终于松了口气，驶上了一条秀丽的乡间小路，它将我带到了美丽的宁宾。

在卫星导航的导引下，我终于到了维鲁庄园，见到了理查德。他刚收获了一年的收成，一台启动的收割机停在高大的咖啡树旁，充斥着发动机的嗡嗡声，像个古老的机械战警。机器采收可以到达比人工采摘更高的高度，也不用像很多国家那样，需要人工大量修剪咖啡树。这些树枝被砍下后，采摘者才可以伸手去采摘。被砍下的树枝看上去很矮，或许这就是为何很多人认为，咖啡是长在灌木丛而非长在树木上的原因。

在种植园上方的小木屋里，理查德正忙着从我要去的四个种植园挑选咖啡样品：维鲁咖啡、山顶咖啡、曾特维尔德咖啡（Zentveld Coffee）和拜伦布鲁咖啡，它们都是理查德自己种的。是时候将这些澳大利亚咖啡一较高下了。小木屋里有一台 5 千克重的烘烤机、几袋咖啡、一些品尝咖啡

第322页：有着40年咖啡从业经验的马克·布利万特，是澳大利亚咖啡行业的资深人士之一。他在自己一直使用的老式燃气普罗巴特–威尔克斯特烘焙炉中烘焙咖啡。

的设备和其他设备。最吸引人的是这里面朝大海的全景，以及堪比美国曼哈顿摩天大楼的天际线。

“你看到那边的冲浪者天堂（Surfers Paradise）了吗？”理查德说。

“是的，看到了，但它真名叫什么？”

“冲浪者天堂。”

品鉴咖啡一结束，我便问了几个有关澳大利亚咖啡生产的问题。是时候重开卫星导航，去山顶咖啡庄园看伯尼·鲁尼了。

“小心蛇！”我下车时，伯尼冲出了他的第一句话，“它们真的很讨厌。”

那可能是世界上最毒的蛇，它正小心地看着我们。我一步挪向旁边，但蛇还是以为我靠它太近，转身便溜走了。“小心点！”伯尼说：“你不会想被其中一条咬伤吧，它们真的很讨厌。”他又补充说：“受害者常在拿出手机求助前，便已经死了。”

伯尼·鲁尼是山顶咖啡庄园的经理，自己打理整个庄园——从修剪草坪、修剪5万棵咖啡树和种植咖啡，到咖啡采收、水洗、晒干、烘焙与包装。很难想象他怎么能有时间，在整个咖啡生产全过程中做如此多的事。瑞典优秀的烘焙师大卫·霍加德（David Haugard），住在斯德哥尔摩郊外的约德布罗（Jordbro），他从伯尼·鲁尼那和山顶咖啡公司进口咖啡，并把它们比作意大利的阿玛罗尼（Amarone）葡萄酒，觉得这里的咖啡口味实在太好了。咖啡包装上的文字介绍透露出某种程度的自信，“Bin 478是一款优质且微批次（Micro Lot）种植的咖啡。生长气候独特，带有甜柑橘、柑橘和柠檬的味道，并混有红苹果、青苹果、香蕉和成熟樱桃的味道”。

18世纪晚期，第一批抵达澳大利亚海岸的咖啡树在巴西的里约热内卢装船，在海军上将阿瑟·菲利普（Arthur Phillip）的指挥下，跨越大洋，抵达英国的新殖民地澳大利亚。开往澳大利亚的船队由11艘船组成，载有首批772名流放至澳大利亚的英国犯人。英国当局者显然是想将当地街头扰乱治安者驱逐，因为他们大多数都是来自伦敦贫民窟的小偷。船上还有海军陆战队员，以及一些将要管理新殖民地的军官。1788年1月26日，菲利普海军上将舰队的第一艘船抵达了博特尼湾（Botany Bay）。这是18年前詹姆斯·库克（James Cook）船长登陆后推荐的地方。库克船长代表英国绘出了澳大利亚东海岸的地图，并建议殖民这里。几经周折后，海军上将菲利普、海军陆战队员和他们带来的犯人们，最终在新南威尔士州的悉尼湾登陆，卸载下他们带来的异国咖啡树。新南威尔士州成为澳大利亚的第一块欧洲殖民地，阿瑟·菲利普担任总督。殖民地已经建立了，但咖啡树的种植却并不顺利。悉尼周边的气候实在太冷，土地也过于沙质，而在昆士兰州和新南威尔士州北部的亚热带气候下，这些咖啡树才得以生长，有了再次成活的机会。咖啡树最早种植在布里斯班袋鼠角（Kangaroo Point）的海滩，1880 年左右，种植面积开始沿着东海岸向新南威尔士的肥沃土地扩展，这标志着澳大利亚商业咖啡种植园的开始。如今，澳大利亚咖啡种植区主要有三个，分别在：新南威尔士州北部、昆士兰州东南部亚热带地区和昆士兰州北部热带地区。这些地区的气候、环境和土壤类型各不相同，这也意味着三处咖啡的味道有明显的差异。

最终，菲利普总督的身体每况愈下，在 1792 年圣诞节前，他离开澳大利亚，登上了大西洋号轮船。5 个月的航行后，他回到了伦敦，之后便立即退休，但他已为咖啡历史书写了自己重要的一笔。

从那以后，澳大利亚的咖啡故事起起落落。澳大利亚的优质咖啡有着很高的市场声誉，在 1880 ~ 1920 年欧洲咖啡大赛中，屡屡胜出，赢得奖牌。随后情况逆转，采摘工人的工资成本开始超过咖啡的收入。直到 100 年后，机械收割机才解决了这一成本问题。机械化收割是澳大利亚咖啡工业的一场革命，如今，超过 5 万棵咖啡树的种植园，仅靠一个人便可以管理与采收。

在结束澳大利亚行程前的几天，我已开始有了方向感，甚至已不需要再使用卫星导航系统。卫星导航仪并不太可靠，也不灵敏，尤其是对那些看到蛇和鳄鱼便失去了方向感的人。我心怀忐忑前往我的最后一站——位于纽里巴（Newrybar）布里肯海德的曾特维尔德咖啡种植园，那里离我住的拜伦湾不远。

1986 年，约翰与约翰·曾特维尔德开始在种植园中种植牛油果，但牛油果患上了各种疾病，种植进展并不顺利。之后他们又考虑种植澳洲坚果树，但坚果树太易招虫。最后，他们选择了种植咖啡。

“我们知道澳大利亚咖啡 20 世纪初在巴黎和罗马获奖的事，所以估计这里有可能种植出优质咖啡。自 1993 年以来，我们的咖啡生产增长迅猛，一直在证明这一点。”老曾特维尔德的儿媳瑞贝卡·曾特维尔德（Rebecca Zentveld）说道。她是曾特维尔德咖啡的所有者之一，目前和丈夫约翰·曾特维尔德（John Zentveld）一起经营咖啡庄园。

很快，我们开始讨论在澳大利亚如此低海拔的地区，是如何种植出高品质的咖啡。“我们缺乏高海拔，但我们用纬度来弥补。没有高海拔的山区，但我们的亚热带气候，有凉爽的温度，可供咖啡缓慢生长。我们所种植咖啡的地区是地球的最南端，纬度提供了咖啡所需的凉爽温度”，丽贝卡答道。

凉爽的亚热带气候，使咖啡浆果的成熟速度和生长过程与在高山地区种植时一样缓慢，这让果实有时间去吸收甜味与香气，以满足制作美味咖啡所需。更重要的是，火山土壤也很适合种植咖啡，很多人认为这就是咖啡因含量低的原因。当然，部分原因还在于众所周知的花岗岩地带。尽管咖啡树不是直接种植在花岗岩地带，但微气候和丰富火山土壤的结合，模拟了赤道许多地区海拔 1200 米以上咖啡种植区的条件，这利于咖啡豆的生长。“我们的外部条件和夏威夷相似。”马克说。凉爽的亚热带气候还有另一个益处：因岩石土壤不会发生虫害，无需使用农药，这使种植园天然有机，无病虫害。气候也阻止了海湾真菌的入侵，以及臭名昭著的谷斑皮蠹（khapra beetle）。“澳大利亚咖啡是全世界天然生产的咖啡之一”，瑞贝卡继续说道。

澳大利亚约有 750 公顷的咖啡种植园，以及近 300 个咖啡烘焙店。澳大利亚咖啡产量非常有限，每年 200 吨，相当于全球生产的 1.5 亿袋麻咖啡中的 3300 袋，主要出口至日本。

当下，澳大利亚有一股强劲的咖啡潮流。在过去 5 年中，咖啡连锁店有所增长，包括 2016 年新增的几个品牌。和意大利一样，澳大利亚咖啡市场大多是浓缩咖啡，90% 的咖啡会加牛奶，卡布奇诺最受欢迎。澳大利亚自己的发明“白咖啡”（flat white）在老年人中很受欢迎。这种咖啡像卡布奇诺，加了热牛奶，但上面不放奶泡和巧克力粉。拿铁备受年轻女性的喜爱，而城市中的年轻男性则倾向于浓缩咖啡。咖啡馆中很少供应滴滤咖啡，但人们在家中却会常喝。尽管人们只在家里和工作时才喝冷萃速溶咖啡，但它却占了整个咖啡市场中的 80%。

澳大利亚亚热带咖啡协会在宣传资料中写道：“100% 阿拉比卡咖啡，口味独特，产于气候凉爽的地区，咖啡因含量低，无病虫害，不含化学物质，新鲜，直接来自种植园。”

最受欢迎的咖啡饮品排名:
卡布奇诺 31%
白咖啡 30%
拿铁 21%
摩卡 8%
热巧克力 5%
澳式黑咖啡 4%
意式浓缩咖啡 1%

第327页：维鲁庄园中的机械收割机。灵活的操纵杆将咖啡浆果摇至机器的传送带上，传送带再将浆果送入采收器中。

第328-329页：位于宁宾的山顶咖啡庄园。

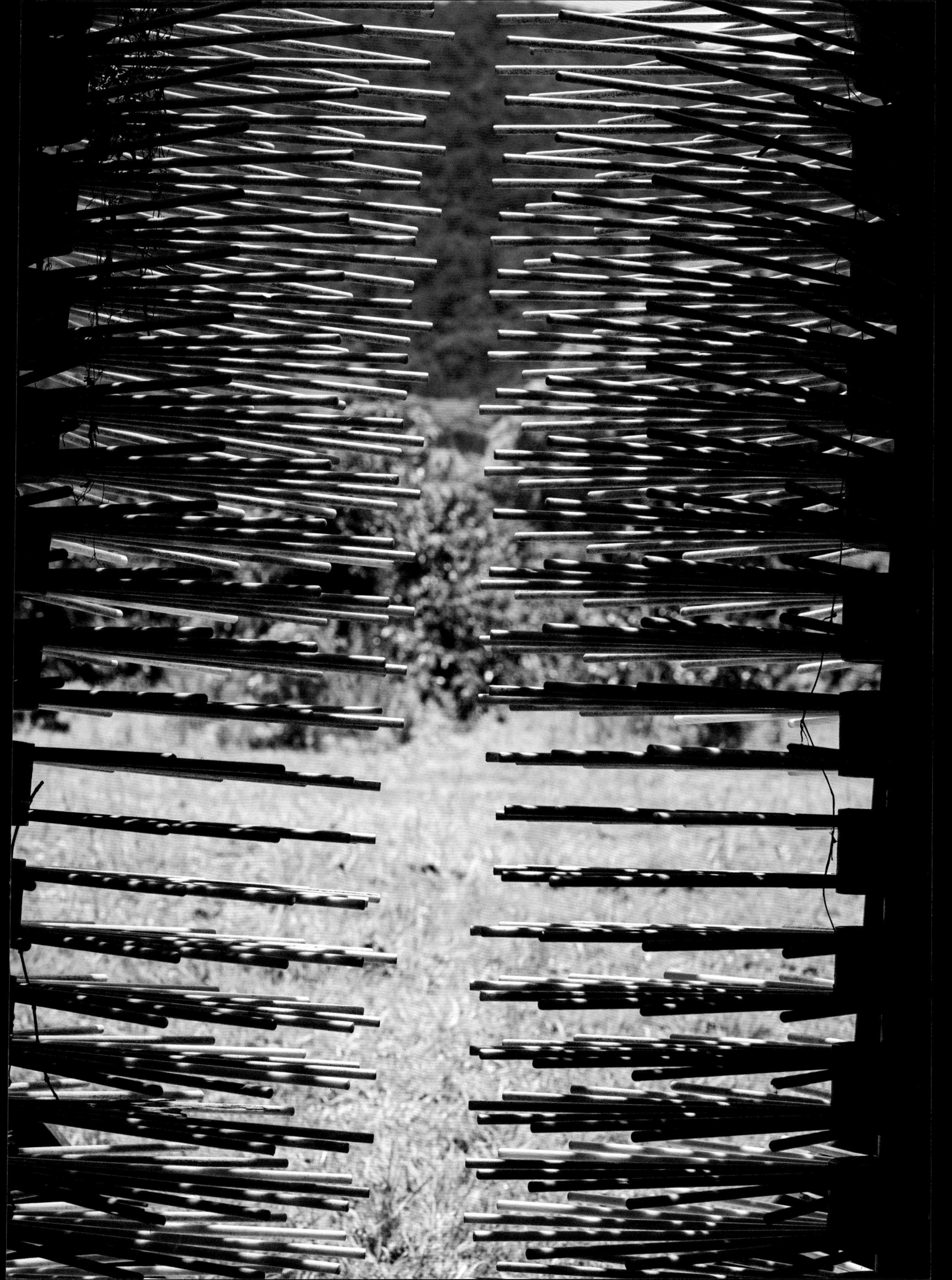

第334-335页：瑞贝卡·曾特维尔德展示着澳大利亚发明的白咖啡，一种加了热牛奶的卡布奇诺，但上面没有奶泡和巧克力粉。

第336-337页：理查德·布拉德伯里站在他位于卡罗尔维鲁庄园的小烘焙店和品鉴室外。

SKYBURY
Australian
Grown
COFFEE

Coffee!

第338-339页：伯尼·鲁尼在宁宾的山顶咖啡种植园会谈客户。

第341页：瑞贝卡·曾特维尔德。她与丈夫约翰·曾特维尔德于1993年创立了曾特维尔德咖啡烘焙店，位于纽里巴的布里肯海德角。30年前，约翰的父母和约翰开始在种植园种植牛油果。

第342-343页：曾特维尔德咖啡的加工设备。

第344-345页：澳大利亚昆士兰州黄金海岸的冲浪者天堂。

第346-347页：山顶咖啡庄园。

第348-349页：从澳大利亚最东端的拜伦湾灯塔远眺。

CAPE
Australia

FIRE
EXTINGUISHER
CROWN

印度尼西亚 | 向更高处出发

我们的车沿着狭窄的道路几次拐弯，驶向山上的咖啡种植园。车里播放着硬摇滚乐，司机琦琦（Kiki）以他最高的声音跟唱着。琦琦梦想未来成为一名硬摇滚乐家，此刻，当音响里传出 AC / DC 乐队、齐柏林飞艇（Led Zeppelin）乐队、平克・弗洛伊德（Pink Floyd）乐队和滚石乐队对着破旧扬声器的尖叫声，琦琦正用开车的时间“排练”着。事实上，有 5 名乘客试图与他交流，但徒劳无果，似乎并没有影响到这个家伙陶醉于音乐的快乐感。伴着齐柏林飞艇乐队《天堂的阶梯》（*Stairway to Heaven*）的音乐，我们的车平稳地爬上了坡地，去寻找咖啡在地球上短暂历史中的更多演变。

从非洲运到欧洲的第一批咖啡树，于 17 世纪初抵达阿姆斯特丹，后来，荷兰人将它们装船运往四面八方。在印度尼西亚的雅加达，第一次尝试让咖啡树开花是在 17 世纪末，但因洪水冲走了咖啡树，1696 年的尝试宣告失败。1699 年，荷兰人第二次设法让这些咖啡树扎根。100 多年后，在荷兰东印度公司的赞助下，印度尼西亚的咖啡出口全面展开。

在印度尼西亚 1.3 万个岛屿中，有人居住的共 6000 个。咖啡树生长在其中的 5 个岛屿上，即苏门答腊岛、爪哇岛、苏拉威西岛、弗洛雷斯岛和巴厘岛。1696 年，爪哇岛最早开始种植咖啡树，之后是 1750 年的苏拉威西岛，直到 1888 年苏门答腊岛北部才开始种植。我选择去苏门答腊岛北

第351页：由于气候变暖，印度尼西亚苏门答腊岛亚齐省的咖啡种植者，开始在山的更高处种植咖啡。

第352-353页：印度尼西亚咖啡的分级，品质分类。

部和亚齐省北部，那里的山脉和气候是种植阿拉比卡咖啡的理想之地。咖啡树从爪哇岛传到达苏门答腊岛的时间相对较晚，这与当时许多人被迫离开他们居住的岛屿，重新选择定居地有关。

苏门答腊岛有三个主要的种植区：北部的亚齐省，海拔 1100 ~ 1300 米；托巴湖，海拔 1100 ~ 1600 米；南部曼库拉加（Mankuraja），海拔 1100 ~ 1300 米。每个区域都有小面积的咖啡种植区。

印度尼西亚是世界第四大咖啡生产国，2015 年生产了 1200 万袋咖啡生豆，而 2016 年减少到 1000 万袋。印度尼西亚也是世界上最大的罗布斯塔咖啡种植国家之一，咖啡农最初只种植阿拉比卡咖啡，但在 1876 年，叶锈病几乎根除了所有的阿拉比卡咖啡。曾有人试着种植利比里卡（liberica）咖啡，但也死于叶锈病。结果表明，在气候湿润的国家，种植效果最好的是抗病的罗布斯塔咖啡。正因如此，罗布斯塔咖啡目前占印度尼西亚咖啡总产量的 75%。印度尼西亚非常适合种植咖啡树，这里有几座活火山，它们喷出的火山灰使土壤肥沃，适合的矿物质和丰富营养物质都是种植美味咖啡的保障。

一个备受人们欢迎的品种是东帝汶混合咖啡（Hibrido de Timor），它可以抵抗在炎热气候中茁壮成长的昆虫。这一品种也称为蒂姆 – 蒂姆（Tim Tim），是罗布斯塔咖啡和阿拉比卡咖啡的杂交品种，在葡萄牙人殖民东帝汶时培育出的。亚齐省的其他品种有卡蒂姆、波旁、塞琳（S-lini）、阿腾（Ateng）和罗布斯塔 P88。最受欢迎的品种是苏门答腊曼特宁，它的风味最丰富，有着不同于南美洲咖啡或非洲咖啡的独特味道。曼特宁的名字来自苏门答腊岛北部的曼代宁民族[1]。曼特宁咖啡的酸度很低，但醇度饱满，常带有甜巧克力味和甘草味，是与火山土壤和热带气候结合后的味道，生长于相对低的海拔地区。

苏门答腊曼特宁品种

地区：巴塔克、西苏门答腊岛、亚齐省

生长海拔：750 ~ 1500 米

收获期：6 ~ 12 月

加工方法：水洗法（湿刨法）、日晒法

风味：香草、巧克力、甘草味，有清爽的泥土味，带有木香味、香料味

籽粒：大而饱满

酸度：低

第355页：身穿传统服饰的印度尼西亚女孩。

[1] 曼特宁咖啡为印度尼西亚曼代宁（Mandheling）民族的音误。——编者注

第356页：遭虫蛀的咖啡豆。

茂密的热带雨林，使印度尼西亚成为地球物种多样性的代表。热带气候、群岛地理环境和广阔的陆地面积，使这里的生物多样性仅次于巴西，为世界第二。苏门答腊岛上大量的动植物都是独一无二的，不幸的是，自20世纪80年代以来，近一半的热带雨林遭到砍伐，部分原因是生产棕榈油导致土壤受侵蚀。尽管人们试图停止森林砍伐，但每年遭砍伐的森林仍有100万公顷，而亚齐省最后一片未被砍伐的森林，现在也同样面临着将被砍伐的危险。

司机琦琦带着我们在震耳的音乐声中优雅转弯，前往阿里桑那（Arisanna）合作社。那里有1400名咖啡农，苏门答腊岛高地的咖啡采收正在如火如荼地进行。印度尼西亚90%的咖啡产自小农户和种植面积约2公顷的家庭种植者，小农户之间种植的咖啡质量也有相当大的差异。一路上，我们顺着琦琦所指的方向看去，所经之处几乎每家的屋外都晾晒着咖啡，家家户户基本都是如此。我们经常看到妇女们脚边围着孩子，站在一个小型的家庭碎浆机旁。因为家里已经没有晾晒咖啡豆的地方，她们便把带“羊皮纸”薄膜的咖啡豆摊在屋外的地上晾晒。不止一次，我们不得不转弯绕道，以避免压到路上平铺的咖啡豆，就像在埃塞俄比亚时一样。但与乌干达和肯尼亚不同，印度尼西亚人自己所喝的咖啡，占全国咖啡产量的很大比例，并且品质都不错。现代咖啡馆是风格多样街景中的一部分，人们可以买到各种咖啡品种。

麝香猫咖啡（kopi luwak civet coffee，详见第474页）有多种饮用方式，如浓缩咖啡、卡布奇诺，也有纯黑咖啡——“请随意，先生。”

琦琦将我们带到霞光咖啡合作社（Gayo Megah Berseri）。科皮·万尼塔（Kopi Wanita）自丈夫在暴力冲突中去世后，得到了咖啡种植项目的特殊支持。在合作社的3000名咖啡农成员中，有200名是单身女性，她们每筛选1000千克青豆可以多收入25美元——这是她们每天筛选120千克青豆所得5美元的补充。印度尼西亚是我考察的第三个国家，据说这里女性生产的咖啡比男性生产的更好，类似的话我在尼加拉瓜和巴西也曾听过。原因大致相同：从咖啡种子到咖啡豆出口，女性在每个生产阶段都更加细心。咖啡生产过程中每个细节都很重要，而只有细心，做出的咖啡品质才会更佳。

印度尼西亚咖啡生产中最特殊之处，也是它的特色，称为吉陵巴萨，又称湿刨法。它是一种传统的加工过程，混合了水洗法（详见第100页）

与干燥法或自然处理法。与水洗法相比，这种半干燥的加工方法降低了咖啡的酸度，使咖啡的味道更醇厚，口感更绵柔，醇香环绕。

第360-361页：印度尼西亚咖啡种植园，一排排咖啡树间种有辣椒。

在亚齐省，对咖啡农来说，全球变暖是人们不得不面对的问题。高温为有害昆虫的生长创造了完美的环境，这些昆虫啃食着咖啡浆果。与过去相比，降雨量也有了变化，有时雨量太多，有时又太少。过去5年中，持续增高的温度让咖啡种植越来越不容易。亚齐省的13万名咖啡农中，有些人已经开始抛售他们在低海拔地区的土地。他们开始寻找气候更凉爽的地区，以种植阿拉比卡咖啡，至少要海拔1200米，并且也开始购买土地，建立新的种植园。有些人担心，如果科学家无法创造出一种杂交咖啡的新品种，能在不降低品质的前提下承受高温，那生产高品质咖啡的时代，将不会超过50年。

在离开印度尼西亚前的最后一个晚上，琦琦将车停在了塔肯贡（Takengon）的小山上，塔肯贡是劳特塔尔瓦湖（Lake Laut Tawar）整个地区的咖啡中心。我们静静站在那里，欣赏着暮色苍茫中山谷里街灯初现的景色。小镇一片宁静，群山笼罩在黄昏下，夕阳洒向这片我们前来寻找的咖啡种植园。我们走下车，看到夕阳的最后一缕余晖，当夕阳掠过群山，余晖渐渐苍白，白云变成童话般的粉红色，之后在视野中渐渐消失。

SpongeBob

1551+ MDPL

第365页：印度尼西亚的咖啡工人。

第366-367页：印度尼西亚一户种植咖啡的家庭，在剔除果肉后将咖啡豆摊开晾晒。

第370-371页：劳特塔尔瓦湖咖啡中心塔肯贡地区的景色。

Drop

肯尼亚 | 火山的秘密

第374-375页：肯尼亚种植园70万咖啡农中的一员。

“你能为我们做些什么?”当我们坐在肯尼亚高地的一张高桌前谈起咖啡时，桌子对面的人问道。我正在肯尼亚山坡上的尼耶利（Nyeri）参观鲁图马（Rutuma）咖啡合作社，这一问题令我很惊讶，它意味着在对方眼里，我们是在做生意。显然，这是一场误会。为了给本书收集有关肯尼亚咖啡生产的信息，我约好了一个会议。合作社董事会的所有成员都希望与我这位他们眼中的瑞典咖啡买家谈成生意，觉得我是想要看看他们的咖啡生产操作。这能理解，肯尼亚的咖啡合作社负责者正努力应对严峻的经济形势，想抓住每个机会来推销自己的产品。在讨论咖啡供应情况，以及相关的价格和质量后，他们耐心地向我展示了从咖啡种子、种植过程，到采收中的系统控制，包括发酵和干燥在内的整个加工过程，还有肯尼亚咖啡生产者不得不忍受的艰苦条件。在我离开时，我们交换了名片，我的名字再次引起他们的误解：“美元?”“不，我叫唐纳德”。“美元?”“不，是唐纳德。”直到我意识到他们实际上是在说美元，而不是说我的名字。我们握手道别，而他们的眼神里似乎有很多话：对于我正在编写的这本书，他们很高兴提供帮助，但他们真正想做的，其实还是卖咖啡。

我在黎明前醒来，手中抱着一个橡皮热水瓶，躺在床上保暖。在海拔 2000 米处的山坡，夜间温度很低，热水瓶显然是必需品。我希望狮子和大象能在黎明的曙光前，勇敢地到我窗外的小池塘中喝水。我放下了热

水瓶从温暖的床上起身，在黑暗中向窗外望去，摄像机已经准备好。身姿美丽的鹿优雅而安静地在池塘周围踱步，但却没有狮子或大象的到来，它们没有来打扰这片宁静。散发着暖意的格子图案热水瓶是酒店的标配。肯尼亚咖啡有专门的委员会，也引入了著名的拍卖系统，现在虽然已过时，但系统仍在起作用。

“世界上最好的阿拉比卡咖啡，生长在肯尼亚，这是公认的事实。”肯尼亚人这样评价他们自己的咖啡。这句话摘自肯尼亚驻日本大使馆的网站。日本是继斯堪的纳维亚国家之后最痴迷咖啡的国家，因而这句话出现在日本的网站，也并不是巧合。

西普利亚努斯·埃朴麦（Cyprian Ipomai）是肯尼亚的农业专家。他说：“这个国家的咖啡质量相当高，归功于火山土壤中的矿物质。肯尼亚首都内罗毕，山的南坡海拔约 1500 米处，有着非常适合种植咖啡的优质土壤，这里因此成为茶与咖啡的自由贸易区。火山土壤中含有锌、硼和镁，它们之间的平衡与比例也使咖啡风味更加完美。这是肯尼亚作为咖啡王国享誉全球的主要原因。”

顶级品质的咖啡，约占肯尼亚咖啡产量的 10%，在世界上最受欢迎。其以浓郁的味道、饱满的醇度和怡人的香味而闻名，味道中混合有可可、柑橘和黑醋栗味。

肯尼亚 70% 的咖啡来自小农场主，他们通常种植有 50 ~ 200 棵咖啡树。从官方统计数据来看，在肯尼亚的 4000 万居民中，有 70 万人是咖啡种植者（尽管其他统计数据显示，这一数字远比实际情况要低得多），而有 600 万人直接或间接从事咖啡行业。肯尼亚咖啡年产量有 100 万袋，占国家总出口额的 6%，按这一数字，肯尼亚是世界第 21 大咖啡生产国。但讽刺的是，作为一个古老的英国殖民地，肯尼亚更像是个饮茶国度。

当地喝咖啡者买不起新鲜烘焙的咖啡，只好勉强喝速溶咖啡。毕竟，肯尼亚咖啡是世界上最贵的。但如今肯尼亚咖啡的产量急剧下降，种植咖啡的小农户越来越少。从内罗毕到肯尼亚中部高地的一路上，我们经过了一个又一个废弃的种植园，咖啡树干枯，荒弃的咖啡树看上去像是复活节期间的圣诞树，在荒置中没有得到任何照料。眼前我们所看到的景象，的确像实际统计数据那样。尽管咖啡很受欢迎，但肯尼亚的咖啡产量减少了 60% 以上。

看到路旁一个废弃的农场，我们停下了车。遇到的是农场主的一位亲戚，他停下脚告诉我们种植咖啡毫无意义，相比成本与劳动力，所得的利润太低。“如果我们出售土地，那收入会更高。”他说。在肯尼亚山的山坡上，优质的咖啡用地正在被改造成房屋、购物中心和住宅区用地。土地所有者出售土地的收入比继续种植咖啡要多得多。事实上，农民需要等上一年才能拿到收入，或是借高利率贷款才能生存，这显然加速了他们对土地的出售，以及从种植咖啡到将土地改建成购物中心。

艾科莫（Akomo）和他的妻子奥多友（Odoyo）是肯尼亚的小咖啡农，种植了100棵咖啡树。他们对种植咖啡的收入并不满意，于是找了份教师的兼职工作。“问题是中间商太多，”奥多友说，“中间获取利益的人太多了。”她的丈夫补充道：“留给我们的就没什么了。”

咖啡农抗议中间商拿走了他们的那份“蛋糕”，这种抗议已非常强烈，迫使政府正在考虑削减生产中大量的中间环节，但这种争议也很大。也有人说，这不是收入低的问题，而是产量太少。肯尼亚每棵咖啡树的平均产量是1千克，许多人都认为这远远不够，但加大生产需要投资和努力。未来提高咖啡产量最重要的因素之一是教育。“农民可以得到咖啡最终售价的73%，”内罗毕出口公司中泰勒温奇咖啡公司（Taylor Winch Coffee Ltd.）的德克·斯克穆勒（Dirk Sickmueller）表示，“问题在于，农民能卖的咖啡太少，赚不到多少钱。”

德克表示解释整个生产链条从头到尾如何运作的确很难，但为了让我明白，他写下了生产中的不同阶段。

1. 在咖啡收获期间，咖啡农们将成熟后的咖啡浆果多次多批送到合作社和私人收购点。

2. 咖啡浆果经过水洗处理，去除果肉。

3. 用干燥加工法加工带“羊皮纸”薄膜的咖啡浆果，之后用去皮机去除“羊皮纸”。

4. 每批咖啡按照PB、AA、AB、C等分成不同质量等级，按等级销售。

5. 合作社销售总额为政府扣除营销和加工费用所剩的部分，包括处理低质量和未洗（自然）的绿色生豆的费用。

6. 合作社的销售总额，等于政府扣除营销和加工费后的净额，占总收入的20%。

7. 剩余的总额除以咖啡浆果的千克数，以计算每千克咖啡浆果的价格。

8. 每个咖啡农可根据他们在采收季向公社所交的咖啡千克数来赚取

收入。

9．300 千克的咖啡浆果会生产 90 千克的带“羊皮纸”的豆子，从中得到 70 千克的绿色生豆，之后这些咖啡豆再分为不同的质量等级和价格。

“咖啡农出售尚未加工的红色咖啡樱桃，每卖出 1 千克，可得到 1.5 美元。但咖啡樱桃在加工后（洗涤、去果皮、去除第二层‘羊皮纸’薄膜），得到了所谓的绿色生豆（因为里面的豆子在烘烤前是绿色的）。经过加工过程的处理，咖啡便能卖得更贵，价格是每千克 5.25 美元。这一价格每天都在变化。这相当于最终出口价的 73% 左右。”德克·斯克穆勒解释道。

咖啡农修剪和嫁接咖啡树，培育抗病杂交品种，在咖啡树周围挖沟，将肥料填至沟中，以保持气候变冷时咖啡树同样能获取养分，可以得到每棵树高达 20 千克的果实收成。据艾科莫所说，他在最近一次的收成中，每棵树收获了 22 千克的红色咖啡浆果。艾科莫带我们去看一棵咖啡树，所有的生长阶段都很明显：发芽、开花、未成熟和完全成熟的咖啡浆果，都挂在同一枝上。在返回内罗毕的路上，我们开车途中看到一个标识牌：“此处危险，常有野生动物出没。”

肯尼亚的咖啡分级体系

咖啡豆在加工之后，去除了每个豆子上覆盖的一层“羊皮纸”薄膜，根据豆子的大小、重量和形状，可以分为七种不同的品质等级。许多人认为豆身大是高品质咖啡豆的标志，但实际上，这只是衡量咖啡质量的众多因素之一。咖啡豆虽有分级标准，但它并不是一门精密的科学。肯尼亚咖啡委员会根据以下体系，将评级称为一种艺术。

PB——圆豆。大约 10% 的肯尼亚咖啡豆属于此等级。

AA——虽然 AA 通常被称为一种肯尼亚咖啡，但肯尼亚 AA 实际上是一种咖啡等级。直径为 7.2 毫米的咖啡豆被评为 AA 级。AA 级的咖啡豆不到 10%，价格通常比其他等级的高。

AB——略低于 AA 等级，平均直径为 6.8 毫米，30% 的肯尼亚咖啡豆被定为 AB 级。

E——象豆。这一等级的豆子最大，相对少见，在某些情况下，它包括了圆豆。

C——相对于 AB 级来说，C 级豆子个头很小，包括较小的圆豆。

TT——较小的豆子，通常区别于更畅销的 AA、AB 等级和 E 等级。

第380-381页：废弃的咖啡农场，这在肯尼亚越来越常见。

[1] 姆布蒂人也称班布蒂人（Bambuti），是萨伊伊图里（Ituri）森林的俾格米人（Pygmy）。他们平均身高不到137厘米，是非洲俾格米人中最矮的，也许也是最著名的一支。他们主要从事游猎和采集，几个小家族住在一起。——编者注

T——最小尺寸等级的豆子。其中大部分豆子有缺陷或残缺。

姆布蒂人[1]（Mbuni）采食成熟后从树上掉落的未洗过的豆子。这种咖啡豆的味道通常很酸，生产出的咖啡也价格低廉。肯尼亚约有 7% 的咖啡豆属于这一等级。

第383页：肯尼亚的咖啡采收。

第387页：一位当地的咖啡农正在为当天收获的一小撮咖啡称重。

WE DON'T EMPLOY BE
NO DISCRIMINATION
NO SEXUAL. HARRE

OW 18 YEARS OF AGE
TO GENDER / RELIGION
SMENT →(WELLCOME)

THIRIKU COFFEE GROWERS
CO-OP SOCIETY LTD
NO CHILD LABOUR
NO FORCED LABOUR
NO HUNTING
NO SMOKING

ERGENCY
SEMBLY POINT

第392-393页和第395页：在肯尼亚尼耶利的瑟瑞库（Thiriku）合作社，当地咖啡农收集并分拣红色的咖啡樱桃。

第396页：在肯尼亚尼耶利的瑟瑞库合作社，咖啡农用水洗法去除果肉后，将豆子晾晒。

第397页：咖啡农在搬运咖啡。

第398-399页：在肯尼亚尼耶利的瑟瑞库合作社，咖啡农正在给咖啡称重。

第400-401页：称重后，咖啡农将所有咖啡豆混合到一起，用水洗法加工处理。

BEST

RCULATION PUMP

巴西 | 真正的巨人

“最大、第一、最多”这三个词最能概括巴西，这一世界上最重要的咖啡王国。150 年来，巴西一直是世界上最大的咖啡生产国，目前年产量超过 5000 万袋（每袋 60 千克），几乎占全球年生产总量 1.54 亿袋中的 1/3。

在谈到巴西咖啡时，“最大”“第一”“最多”是人们常用到的词。话虽如此，在谈到咖啡质量时，人们却并不会自然地说出“最好”一词。

我在等车，等待车带我北上到北部米纳斯吉拉斯州的波苏斯 – 迪卡尔达斯、瓜苏佩（Guaxupé）和坎皮纳斯（Campinas）种植园，那里正在采收咖啡。

我漫步在世界第一号咖啡城——桑托斯美丽的咖啡社区，站在一幢高层建筑的屋顶上，俯瞰黎明前的港口。太阳升起之前，金色的光芒洒向了世界上最大的咖啡港口。这里有着壮丽的景色，港口开放了近 200 年，备受人们欢迎的咖啡从这里打包装箱，运送至世界各地。天空渐白，老港口的旧机器休息了几个小时后重新启动，它们的吱吱声刺破了黎明的寂静。

许多分析师认为，随着新技术的引入，每年 5000 万袋产量的巴西咖啡，将增至年产 7000 万袋。它已占全球咖啡产量的 1/3，与其他约 80 个咖啡生产国相比，这一数量相当惊人。

第403页：巴西咖啡城桑托斯的海滩。

第404-405页：在波苏斯–迪卡尔达斯，使用一种称为“速剥采收法”的方法，所有咖啡浆果不管成熟与否，都一起从树枝上剥下。

8

越南以年产 2800 万袋的咖啡产量位居第二；其次是哥伦比亚，年产 1300 万袋（视每年气候变化而变）。巴西也是糖、大豆和肉类的最大出口国，橙汁产量占世界的 20%。沿着桑托斯港口有一排排的橙汁工厂，产品可以直接装进油轮，运往世界各地。所有这些“最大”“第一”和“最多”，部分原因为巴西是南美洲第一大国，有 2 亿人口。巴西国土面积与人口数量均为世界排名第五，也是世界第九大经济体。当然，桑托斯也是世界上第一个咖啡交易所的出现之地。

第407页：不同成熟度的新鲜咖啡浆果。

在距交易所不远的几条街区处，清晨海滩上已经有了锻炼者的身影。年长者在散步，雄心壮志的年轻人在这凉爽的晨间慢跑。一些冲浪爱好者正在为海浪的到来做着准备，而那些早起的家庭，则在退潮时占满了整片海滩。凉爽的沙子挤在我的脚趾间，海滩和整个城市正在慢慢苏醒。我沿着海滩走向下一个会议地点，想去听听那些出口公司和贸易公司中的人会说些什么。在老咖啡交易所对面的科夫科阿格里公司（Cofco Agri），瓦莱丽娜·佩拉莱斯（Valerina Perales）安排了当天的第一次杯测。质量经理蒂亚戈·罗查（Thiago Rocha）将鼻子凑向生豆，想在咖啡出售前挑出它的任何一处瑕疵。

除了贸易公司和出口商，做咖啡贸易的还有国际经纪人，如沃尔特斯联合公司（Wolther & Associates）等。他们的业务主要在咖啡农和贸易商 / 出口商之间。经纪人一方面代理农场和出口公司之间的贸易，另一方面也代理不同规模国际烘焙公司之间的贸易。堂兄弟关系的拉斯马斯（Rasmus）和丹尼尔·沃尔特斯（Daniel Woithers）从拉斯马斯的父亲手中接管了这家公司，拥有全部的控股权，可以为买家与卖家提供任何咖啡品种的贸易服务。沃尔特斯安排了当天的第二次杯测，这次的咖啡豆品种是来自米纳斯吉拉斯州的红色与黄色波旁咖啡。

作为世界上最先进和工业化程度最高的咖啡产地，巴西关注的重点更多在咖啡的生产和产量上，而不是优质的品质，这使巴西咖啡从未获得应有的声誉。其中一个原因是，这片多山的土地用一种被称为“速剥采收法”的方式采收咖啡。这种方法是用收割机采收红色咖啡浆果，不管它们是否完全成熟。这让未成熟的浆果降低了咖啡的整体品质，而这也意味着巴西咖啡经常被用作烘焙厂混合咖啡的基础。巴西的大部分咖啡生长在海拔低于生长优质咖啡的区域；南德米纳斯（Sul de Minas）是巴西海拔最高的咖啡种植区，海拔为 1350 米。巴西的精品咖啡生产商们使用人工采摘

第408页：在波苏斯–迪卡尔达斯种植园杯测或品鉴咖啡。

法，只采摘完全成熟的红色浆果，多年来一直在努力提高国家咖啡品质的声誉。

与其他许多咖啡产地一样，巴西生产大量的散装咖啡，也生产一些高品质的精品咖啡。日本人从巴西购买咖啡，只买里约热内卢环绕着著名的基督救世主雕像山周围种植的咖啡。

世界上第一家咖啡交易所桑托斯咖啡交易所（Bolsa Oficial de Café Santos）于1922年在桑托斯开业，位于一座美丽的建筑中，距港口只有扔几块石头远的距离。交易所于1946年关闭，如今这里已成为一个人们喜爱的博物馆，记载着巴西咖啡的故事。1991年，巴西精品咖啡协会成立，它见证了巴西咖啡的发展起落，也记录下巴西咖啡私人农场的兴衰，之后巴西咖啡的声誉大增，受到很多人的赞誉。人们用丰富、新鲜和果味等词描述巴西咖啡，混合了从巧克力、柑橘，到干果、烟草、甘蔗和茉莉花的香气，令人惊叹。

在巴西的咖啡贸易中，所交易的咖啡不管是来自最小的农场，还是来自世界上最大的种植园，背后生产链都完全相同。巴西有着世界上最大的咖啡种植园，咖啡农们委托当地经纪人与全国约100家出口商和贸易公司中的一家取得联系，也会分批将咖啡卖给世界各地的烘焙店。

沃尔特斯联合公司的拉斯穆斯·沃尔特斯（Rasmus Wolthers）说："咖啡产量仍在逐年增加，我们所面临的挑战是，如何在这一庞大的国家产业链中保持中间商的地位。我们咖啡交易量的80%用于出口，而20%用于国内消费。"

"在巴西，咖啡是一种广受欢迎的饮品，消费量稳步上升，这在很大程度上归功于从业者为增加国内消费量所做的努力。即便是孩子们，也会在学校喝咖啡。"巴西每年有近2000万袋咖啡供国内消费，目前这一数量正在接近美国，排名第二。美国以每年2400万袋的消费量排名第一；德国排名第三，年消费900万袋；日本排名第四，年消费800万袋。

这些数字代表国家的年消费总量，不应与国家的年人均咖啡消费量、人均千克数或升数相混淆。到目前为止，北欧国家在人均咖啡消费量、人均千克数上排名世界榜首。其中，芬兰以年人均12千克的咖啡消费量排名第一；瑞典以年人均10千克的消费量排名第二；挪威以年人均8千克的消费量排名第三。年复一年咖啡消费量的增加与不同时期收成的产量变化，有时使咖啡的利润非常小。2010年6月30日，巴西咖啡的产量接近于零，而上一年的库存已所剩无几；到 2011 年 7 月 1 日，巴西的剩余产量为 100 万袋。截至 2012 年 6 月底，巴西咖啡的缺口量为 800 万袋，部分原因是国内的消费量每年增加 4% ~ 5%，而 2012 年又出现了咖啡收成不足的情况。

巴西咖啡始于 1727 年，与一位葡萄牙外交官弗朗西斯科·德·梅洛·帕尔赫塔（Francisco de Melo Palheta）的故事有关。在法属圭亚那执行外交任务时，弗朗西斯科收到了来自州长夫人的一束鲜花，花束里藏着一小株咖啡植物或一些咖啡豆——其中的细节有不同的版本。不过弗朗西斯科还是小心翼翼地将这件礼物带到了葡萄牙的殖民地巴西——走的是陆路还是水路，尚不清楚。他设法让一小株咖啡植物或咖啡豆在巴西扎根生长，这样他便成了巴西的第一个种植咖啡者。种植咖啡和喝咖啡的习俗从巴西北部地区开始慢慢传播，传到了帕拉州的乌巴图巴河附近；在 18 世纪 60 年代，又传到了里约热内卢的周边地区。

在第二次世界大战期间，美国担心欧洲市场封闭，也担心咖啡价格下跌会使中美洲和南美洲的咖啡市场发生变化。为了应对这种情况，美国制定了基于配额制度的国际协议准则。该协议推动了咖啡价格的上涨，并在 1950 年达到稳定。协议于 1962 年由 42 个咖啡生产国签署，成为更广泛的国际咖啡协议（ICA）的前身。

协议的原则很简单：如果价格下跌，配额会减少；而如果价格上涨，配额则会增加。该协议一直持续到 1989 年，当时美国和巴西都不同意减少配额。巴西认为，若遵守协议，会使他们的经济增长速度更快。这最终使市场不受监管，在未来 5 年价格大幅下跌，咖啡危机引发了咖啡行业的公平贸易运动。

在桑托斯咖啡馆待了几天后，我参观了咖啡博物馆，也参加了出口商和贸易公司的杯测活动。现在是时候去生产咖啡的北部地区了，咖啡采收正如火如荼地进行。那里面积巨大，像瑞典的一个小镇，山上种有数百万棵咖啡树。我们开车、走路，再开车、再走路。当确定发现了大面积的优质咖啡时，我们摘下一颗咖啡浆果，用手挤捏仔细察看。此时，那里正在对老树进行必要的更新，将它们从土中挖出，换上几年后才能产出优质咖啡的小咖啡树。很明显，巴西的咖啡种植园中都是单一栽培。一排排咖啡树在没有遮阴树的情况下矗立着，乍一看，与咖啡行业所倡导的可持续发展理念格格不入。咖啡树并没有与其他树木、植物或农作物共生，而那些树木、植物或农作物可为动物提供栖息地。单一种植使种植园中没有遮阴树为咖啡树遮挡阳光，这使咖啡树有了充分的日照，某种程度利于咖啡树的生长。

山坡上的采收活动进展很快，采收者从整根树枝上剥下红色咖啡浆果，连同许多未成熟的绿色浆果。所有浆果不管成熟与否，都一同从树上剥下，这看上去的确令人有些难过。未成熟的浆果以较低的价格出售，要比等它们成熟后再回来采摘收益更高。一万名咖啡农将他们的咖啡运送到瓜苏佩（Guaxupé）合作社，这一世界上最大的合作社，也是世界上最大的咖啡出口商。这里的咖啡年产量为 550 万袋，价值 10 亿美元，产量高于墨西哥、尼加拉瓜和哥斯达黎加的总和，是瑞典消费量的 2 倍。

从另一个角度看，巴西的咖啡种植园也会有"乌云"袭来。全球变暖已成为当下的主要威胁，但总地来说，霜冻对巴西咖啡的影响更大，这也导致全球咖啡市场的价格飙升。当霜冻袭击种植园时，咖啡价格波动很大。而巴西咖啡的市场主导作用，使这里的每一个周期收成，都直接影响世界咖啡的市场价格。

1975 年，巴西的咖啡种植园遭受了历史上最严重的霜冻，即"黑霜"的袭击。全国咖啡产量损失了 75%，整个巴拉那州的咖啡产量全军覆没，这也导致全球咖啡价格立即翻了一番。霜冻袭击巴西南部通常在 6 ~ 8 月，这是当地一年中最冷的季节。日照充足的向阳的咖啡生产区，比那些相对日照时间短的背阴地区，咖啡树抵抗低温的能力更强，这是地面吸收并储存了相当多的热量以供给咖啡树的原因。理想状况下，若咖啡树的树龄不到一年，冬季最好在树杆上包裹塑料布，以保证其顺利度过霜冻期。遭受霜冻袭击的咖啡树，如果处理得当，可在一年左右从霜冻中恢复。

农民种植的咖啡，因不做杯测，所以质量有时难以把控。这意味着咖啡农不会系统地品尝他们所种的咖啡，但杯测在运输后的所有阶段都会进行。除了咖啡的品质和风味外，来自烘焙店的买家在杯测时还要考虑两个主要因素：第一，它如何与所到国家与地区的水质匹配（水质的硬与软，含有哪些矿物质，是否含氯与白垩）。品鉴者还须考虑所有国际上的不同因素。第二，巴西咖啡可以与其他哪些国家的咖啡一起混合，成为超市货架上的好产品。

巴西是咖啡产业中的超级大国，生产有不同品质的咖啡。巴西正在崛起的咖啡业，可与世界各地的顶级咖啡相竞争。在我们日常所喝的咖啡

PERIODO COLONIAL
A CONQUISTA DO SERTÃO PELOS "BANDEIRANTES"
1560-1721
A VISÃO DO ANHANGUÉRA!
A MÃE D'OURO E AS MÃES D'AGUA

第412页：桑托斯老咖啡交易所的天花板。

第414-415页：波苏斯–迪卡尔达斯的拉伊纳咖啡种植园。

第416-417页：桑托斯富有传奇色彩的著名咖啡馆——保利斯塔（Paulista）咖啡馆。

第418-419页：桑托斯的海滩。

第420-421页：桑托斯老咖啡交易所的塔楼，可以看到港口的新建区域。

中，巴西咖啡豆在超市中最常见，占购买比例最高。

在从巴西临行前一天的清晨，我沿着桑托斯的海滩散步，一些人躺在椅子上，前一晚的狂欢在一觉中忘却。南大西洋吹来的海风一如既往地拂过，若说有何不同，那便是这些人睡得更沉，他们正为当晚观看足球主场对阵圣保罗的比赛储备体力。足球传奇人物贝利在桑托斯开始了他的足球生涯，超级英雄内马尔同样如此。令海滩上的球迷们很恼火的是，内马尔去了巴塞罗那踢球，没能再次拯救桑托斯。狂欢已开始，明天的桑托斯海滩将迎来更多心碎的粉丝。

AFÉ PAULISTA

第423页：咖啡产地分布示意图。

咖啡产地分布示意图

整个赤道附近有种植咖啡的温度、土壤和生长海拔等必要热带气候条件。如今，几乎所有的咖啡产地都在北纬23°至南纬23°之间，即北回归线与南回归线之间。地图上的红、绿色圆点代表世界上重要的咖啡产地。

咖啡加工工艺

调配｜咖啡混合工艺背后的秘密

一杯普通的过滤咖啡，通常混有来自许多国家和数百个不同农场的咖啡豆。

每个咖啡农、合作社和出口商都在尽自己的一份力，从播种到收获，尽可能生产出最佳的咖啡味道。但这还不够，当咖啡生豆到了烘焙厂后，来自不同国家的咖啡豆便混合在一起，以达到最佳的成分配比与风味。不同产地咖啡豆混合的原因主要有两个：一是使人们最终喝到的咖啡有一种混合后的风味平衡感与丰富性，二是为了优化咖啡的口感与香气。瑞典的混合咖啡往往只使用过去一年中采收的咖啡豆，所以时间不会超过 12 个月。

咖啡豆的混合方式取决于烘焙者对咖啡风味与品质的追求。人们对咖啡的风味非常敏感，过去 20 年的趋势之一是人们更倾向于浅度烘焙的咖啡，它们有更浓郁的水果味，同时也能降低酸味。与此同时，人们对深度烘焙也有着更高的需求，当下有几种平行的发展趋势，如喜爱单一来源（仅使用一种咖啡豆，或来自一个国家的咖啡豆）的小规模消费群体，仅有少量来源的混合咖啡豆，以及使用如凯梅克斯、冷萃与氮气冷萃等不同制作方法制成的咖啡。

80% 的瑞典人都喝滴滤咖啡，几种咖啡豆通过均匀地混合，有了更加微妙的酸度，香味浓郁，余香时间更长。这是一种相对持久的混合物，可以保持风味的稳定，品种的变化，不受季节与临时库存不足的影响。

不同国家的咖啡豆比较

巴西

哥伦比亚

埃塞俄比亚

危地马拉

肯尼亚

尼加拉瓜

第428页：成品的咖啡混合了来自巴西、哥伦比亚、埃塞俄比亚、危地马拉、肯尼亚和尼加拉瓜的咖啡豆。

如何制作混合咖啡

制作混合咖啡的第一步（也是最重要的一步）是使用100%的阿拉比卡咖啡豆。一包500克的咖啡混合了3000～3500颗熟豆。

以30%的巴西咖啡豆作基础。巴西咖啡豆酸度低，带有坚果味，很容易与其他咖啡豆混合，能赋予咖啡能量与口感。一直以来，瑞典都有以巴西咖啡豆作为咖啡混合基础的悠久传统。一箱来自巴西的咖啡豆，可能含有来自20～30个不同咖啡农所生产的咖啡豆。

加入20%的哥伦比亚咖啡豆，以增加咖啡的果味和酸度。它们与巴西咖啡豆十分协调。来自哥伦比亚的一箱咖啡豆，可能含有来自200多个不同咖啡农所生产的咖啡豆。

加入15%的危地马拉咖啡豆和15%的尼加拉瓜咖啡豆。这两个国家的咖啡豆带有黑巧克力和烟草的混合味道。来自这两个国家的一箱咖啡豆，可能含有来自50～60个不同咖啡农所生产的咖啡豆。

其余的20%为来自埃塞俄比亚、肯尼亚等东非国家的咖啡豆。为了使混合后的咖啡有更好的口感，我们需要肯尼亚、埃塞俄比亚等东非国家咖啡豆中的花果香味，它是咖啡芳香味道的前奏。东非咖啡豆带来了柑橘与佛手柑味，同时柔和且平衡地增加了混合咖啡的风味。10%的埃塞俄比亚咖啡豆和10%的肯尼亚咖啡豆有着清新、明亮、上扬的甜味，并带有一丝柑橘的甜味。来自这些国家的咖啡混合豆，可能含有近1000个不同咖啡农所生产的咖啡豆。

从理论上看，一杯普通且刚烘焙出的咖啡可能混合了来自许多不同国家的咖啡豆，可能来自1000多名咖啡农，但实际上，来自7个不同国家约30名咖啡农所生产的咖啡豆，混合后会被装进包装袋，放在超市货架上出售。为了满足当今瑞典消费者的最高需求，这种混合的咖啡豆经过中度烘焙，之后经滤网过滤。将磨碎的咖啡豆放入过滤机，可以将浅度烘焙和深度烘焙的咖啡豆混合，以提高咖啡的风味。

烘焙｜美妙的香气

第431页：为瑞典皇家供应咖啡的咖啡烘焙师和经销商大卫·霍加德站在烘焙机旁。

第432-433页：正在烘焙着的埃塞俄比亚咖啡。

在烘焙机中待上几分钟，咖啡豆便会发生一系列的化学反应，释放出各种美妙的香气。一种带着令人不悦苦味的绿色农产品在烘焙后，变成了带有混合芳香味的咖啡豆，这种变化何其美妙。

在高温影响下，咖啡豆中的芳香油会产生近千种味道和香气，备受人们喜爱。从带有几百种芳香味的绿色生豆，变成了有800～900种不同味道的咖啡，香气浓郁，香味比我们所周知的任何食物都要丰富。对于烘焙师来说，最大的挑战便是让这些香气最大程度地释放，并尽量多地保留它们本身的味道。现代“电子舌头”和“电动鼻子”能追踪到越来越多的味道，但这并不特别重要，只是一种补充，因为人无法感知到所有的味道。

将生豆烘焙成我们所熟悉的美味咖啡，是一门复杂的艺术。每家烘焙店都有自己的理念与烘焙曲线，每位烘焙师也都有自己独特的品位和审美，通过掌握咖啡的酸度、甜度和醇度，来控制和平衡整个烘焙过程。烘焙的温度与时间是两个关键的变量，酸度过高，醇度便会降低。如浅度烘焙的咖啡在低温下，烘焙的时间长；而在高温下，则烘焙较短时间便可。这两种情况下，咖啡豆看上去都像是轻微烘烤的，但它们的味道会相当不同。

生豆在烘焙前带有苦味，pH值很低，因此，浅度烘焙的咖啡酸度更高。咖啡烘焙的颜色越深，酸度越低，咖啡芳香油和焦糖葡萄糖含量也越多。酸度控制后，甜味便会更加突出，这使对酸度敏感者更偏爱喝颜色深

DIEDRICH

的深度烘焙咖啡，而非浅度烘焙的浅色咖啡。如果第二次爆裂（后称“二爆”）在225℃左右的温度下继续烘焙，葡萄糖便会在高温中分解，油脂溢出，咖啡豆表面会包裹一层油脂，烧焦的豆子释放出苦味，最终，咖啡豆“死亡”。

一个经验丰富的烘焙师可根据烘焙曲线，判断何时烘焙出高酸度的甜咖啡，或酸度适中的甜咖啡。这并非易事，因为烘焙的并不是一种咖啡豆，而常来自5、6个不同国家及数百个不同的咖啡农。这些咖啡豆会同一批次烘焙，成为人们可想到的某个特定品牌的混合豆。超市中受人们欢迎的咖啡品牌都是混合型的。一般来说，咖啡豆在烘焙机里放置的时间越长，咖啡的口感便越细腻，味道也越好。

较长时间的烘焙，会使咖啡豆的味道有细微的差别，并产生更美味的咖啡。“在瑞典，咖啡烘焙时间通常为4～15分钟。也可将生咖啡豆预热，以节省烘焙的时间和工夫，但这多被认为是会影响最终的烘焙效果。”阿维德–诺德奎斯特公司的飞利浦・巴雷卡（Philippe Barreca）说道。多年来，他一直使用不同的烘焙技术，包括对生咖啡预热的测试。

咖啡的第一次爆裂（后称“一爆”）在200℃左右，咖啡豆的重量减轻，但体积增大。在第一道裂纹出现时，焦糖化开始，咖啡豆变成了浅棕色。瑞典的现代烘焙过程通常在225℃二爆前结束，这时咖啡豆的细胞壁破裂，油脂溢出，略苦的烧焦味成了主导。在所谓的美拉德反应[1]中，咖啡豆变成深褐色。这是一种化学反应，当糖与咖啡豆中的蛋白质发生反应时，便会发生此种反应——这与食物在烧烤或油煎时，逐渐变黄的反应一样。

顾客购买所喜爱的同一种咖啡时，总希望味道一致。为了确保咖啡的品质与烘焙程度一致，人们开始使用颜色编码系统，以最准确的数字来判断咖啡豆的颜色。使用纽豪斯混合测色（Neuhaus-Neotec Color Test）设备，用电子眼测量颜色的代码，如深度烘焙咖啡的颜色代码是68，浅度烘焙咖啡的颜色是95～100——这可保证每次烘焙后的咖啡豆，颜色完全一样。

既便如此，实际操作中的差别仍然很大，尤其在世界各地兴起的微型烘焙店中。自20世纪80年代中期以来，新技术、小型机器和计算机的兴起与发展带来了新一代的专业烘焙者，即第三代烘焙师。他们发挥出烘焙咖啡的潜能，无须多年经验便可通过数字烘焙曲线来操作，但这并不意味着妥协了质量。第三代烘焙师对咖啡烘焙程度反复实验，开发出一种不同于传统欧洲烘焙方式的风格。咖啡掀起的第一波浪潮，指20世纪上半叶

[1] 美拉德反应亦称非酶棕色化反应，是广泛存在于食品工业的一种非酶褐变。它也是羰基化合物（还原糖类）和氨基化合物（氨基酸和蛋白质）间的反应，经过复杂的历程最终生成棕色甚至是黑色的大分子物质类黑精或拟黑素，故又称羰胺反应（1912年法国化学家梅拉德<L.C.Maillard>提出）。——编者注

咖啡饮用量与销量的增加；第二波浪潮指浓缩咖啡文化和主要咖啡连锁店在国际上的快速发展；第三波浪潮出现在世纪之交，自 20 世纪 90 年代开始，销售精品咖啡的微型烘焙店和咖啡店在美国兴起。第三代烘焙师包括美食家、专业人士和高端咖啡商，他们专注于制作高品质咖啡。他们会从指定的咖啡农手中精心挑选咖啡豆，对加工方法、不同品种和生产地了如指掌，并常在咖啡豆一爆后结束烘焙，这时咖啡豆由浅度烘焙达到中度烘焙，变成褐色的咖啡豆。对于第三代烘焙师来说，最关键的一点是他们从咖啡豆的原产地、味道和种植的土壤出发，而不是仅限于烤生豆中的微妙香气和品种间的微妙差异。无论是第三代还是传统的烘焙工艺，达到最高品质的咖啡都来自熟练的烘焙师之手。自始至终，一切都取决于烘焙师的品位与偏好。

第437页：埃塞俄比亚首都亚的斯亚贝巴的托莫卡咖啡馆，这里每天都会烘焙咖啡。

澳大利亚微型烘焙师马克·布利万特（有关他的介绍在 P316 中），在烘焙澳大利亚东部低地咖啡时，采用时长 20 分钟和温度 200℃的标准。通常低温烘焙，时间要长。马克使用了一台 20 世纪 60 年代传统的老式、使用燃气的普罗巴特－威尔克斯特烘焙炉。若有一天，马克购置了使用热风技术的现代烘焙机，则达到与此同样的烘焙效果，时间和温度都会有所不同。

在瑞典，大卫·霍加德已经成为咖啡烘焙艺术的偶像。仅他一人，每年就能烘焙出 30 吨咖啡，供给餐厅和王室中的特殊场合。大卫自称工艺烘焙师，而非通常所说的微型烘焙师。大卫采购的优质咖啡来自五个国家，其中他最喜欢巴拿马的瑰夏，这是目前世界上最贵的咖啡品种。

“在我找到自己的烘焙方法，并学着理解咖啡的秘密前，我一直小心翼翼，保持耐心。在烘焙时，首先必须将咖啡完全干燥。如果烘焙时间过短，烤得太快，很容易会产生青草味。”如果大卫怀疑咖啡豆的湿度有变化，便会用湿度计检测，并相应调整烘焙时间。他观察咖啡豆的颜色，注意豆子密度与结构的变化。大卫相信瑞典有着世界上最好的现磨咖啡，超过 80% 的瑞典人都喝高品质的过滤咖啡。

大卫烘焙咖啡时温度都控制在 217℃以下。有时要求十分苛刻，一颗特定的咖啡豆要在 204.2℃下烤 10 分 17 秒。“烘焙几分钟后，我就能看到豆子的变化了。”大卫说。之后他再增减温度，以达到恰到好处的烘焙效果。

极浅度烘焙

微中度烘焙

中度烘焙

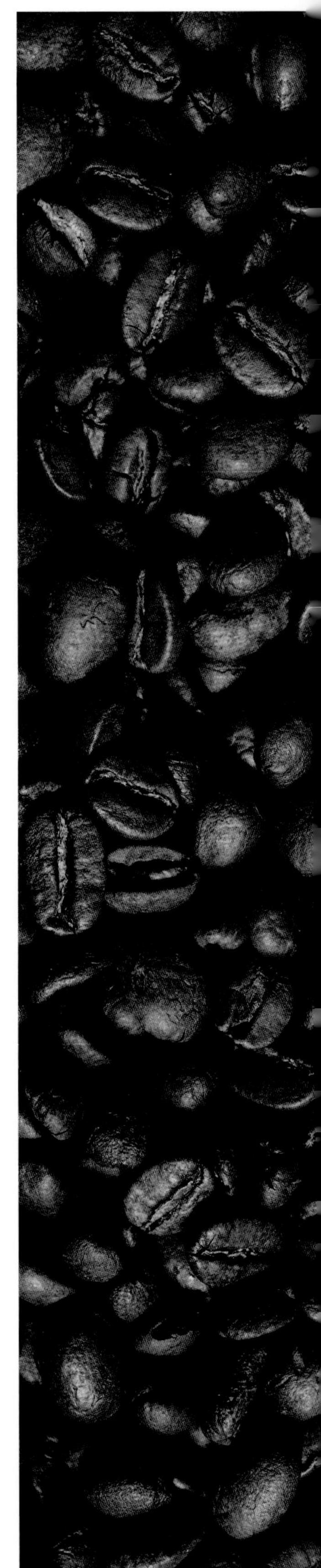

中度至深度烘焙　深度烘焙　意式烘焙　烧焦

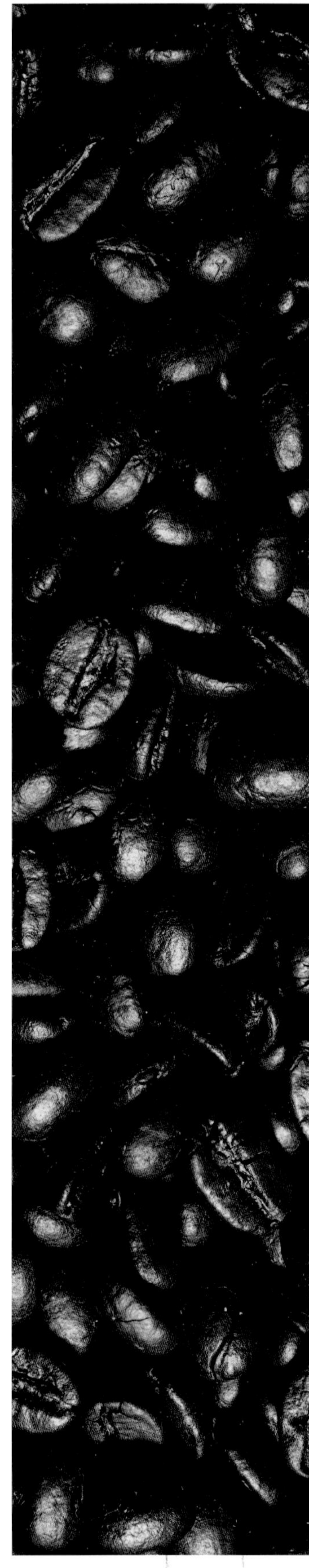

烘焙过程

干燥

生咖啡豆的含水量约在12%。放置到烘焙机中的前几分钟，热量会在烘焙开始前吸走咖啡豆中的水分，咖啡豆变成棕色。

在过去，烘焙桶会在柴火点燃的火炉中翻转，桶内温度高达220℃，而咖啡豆必须大小相同，才能实现均匀的烘焙。采用新技术后，同时烘焙大小不同的豆子已不是问题。咖啡豆在烘焙桶中没有压力地轻松翻转，才能产生最好的风味。滚筒烘焙使咖啡豆与筒中的热空气结合，可以产生最好的风味。最初，咖啡豆在烘焙桶中聚集了较高的热量，之后热量逐渐降低。每种混合后的咖啡豆都有自己独特的烘焙曲线和颜色。测试后，便可确定每种混合豆的特征。

变黄

咖啡豆的水分蒸发后，逐渐变为褐色。豆子仍有着高醇度，还带有印度香米的味道，以及略微的甜味。豆子在加热时开始膨胀，最后剩下的"羊皮纸"银色薄膜也消失了。在适当时间内保持适当温度，至关重要。当咖啡豆放入烘焙机后，温度迅速降至约100～110℃。现代化的专业烘焙机，容量为25～600千克。

第一次爆裂（一爆）

一爆出现在约200℃的温度下。咖啡豆的棕色越来越深，主要因二氧化碳组成的气体压力逐渐增大，最终导致豆子爆裂，发出爆爆米花般的声音，体积几乎增加了一倍。这时豆子开始散发出令人愉悦的咖啡香气，烘焙师可根据他们的预期，随时结束烘焙。如若没有及时停止，便会产生一种苦涩的碳烧味，这意味着咖啡豆已经烧焦，也就是"死亡"了。

烘焙师决定了烘焙过程所需的时间，以实现咖啡醇度与酸度的平衡。烘焙时间越久，咖啡的酸度就越低，味道也越苦。烘焙曲线有着特定的颜色代码，供烘焙师作为标准来烘焙每种特定类型的咖啡豆。如颜色代码68，表示深度烘焙咖啡（碳烧咖啡）。

第442-443页：一箱装有咖啡生豆的集装箱，从布隆迪运至瑞典斯德哥尔摩阿尔维德-诺德奎斯特咖啡店。

第444-445页：卸货后，咖啡豆储存在筒仓中等待烘焙。在烘焙前，会混合来自不同国家和不同品种的咖啡豆。安德斯-诺德奎斯特正式启用了新型烘焙机。

第446-447页：咖啡豆传送至筒仓。

第二次爆裂（二爆）

二爆发生在约225℃的温度下。此时油脂从豆子中溢出，在咖啡豆表面形成了一层有光泽的油膜。此时，咖啡豆中许多令人愉悦的香气已经消失，大部分酸度也已去除，咖啡豆呈现出典型的焦味。二爆后的咖啡醇度更为饱满、酸度低，带有强烈的苦味。这种咖啡在西西里岛和那不勒斯很受市场欢迎。

烘焙后

咖啡一经烘焙，极易变质，须迅速包装，以免氧化。烘焙后，易挥发的香气和咖啡油开始变化，光、水分和氧气都会破坏咖啡豆的味道。氧气是咖啡豆的头号天敌，一旦烘焙完成，须将咖啡快速冷却，以防过度烘烤。对于大量的咖啡豆来说，仅在空气中冷却还不够，一些烘焙店会小心地在咖啡豆上喷水，以避免烘烤过度。

包装

烘焙一旦结束，咖啡豆便被送进包装机，进行闪蒸脱气（gas-flashed）处理。二氧化碳比空气重，处理后留下了二氧化碳，排出了所有的氧气。

烤好的咖啡豆研磨后，应在气密筒仓中放置几个小时。尽管在某些情况下，食品工业中也使用氮气，但二氧化碳仍是使用最广泛的，烘焙的咖啡中自然会存有二氧化碳。现代技术在气密研磨机中研磨咖啡，在二氧化碳的环境下包装咖啡。包装袋上有一个释放气体的止回阀，因为咖啡豆在烘烤后几周内会释放二氧化碳，并且会导致超压。

84
85
86
87
piab

研磨｜芳香四溢

新鲜烘焙的咖啡豆，在高温和化学反应下，有超过800种风味和香气，在分子的碰撞间神奇释放。咖啡豆在磨碎后，豆子的表面脆裂，释放出的味道与香气，吸引着全世界的人们。现磨咖啡的味道令人愉悦，人人喜爱，此外很难有别的描述。仅凭这点就足以让你买一台小型家用研磨机，开始自己研磨咖啡豆。咖啡豆研磨得越快，品质便越高，酸度的氧化时间也越短，不会破坏它的醇香美味。对消费者来说，购买整粒咖啡豆在家自己研磨方法简单，这样便可以每天都喝到尽可能美味的咖啡。

咖啡豆在烘焙后，需要放置几个小时，以便研磨尽可能均匀。如何研磨烘焙后的咖啡，对最终的咖啡成品至关重要，最重要的是使咖啡粉颗粒的形状和大小适应所选择的制作方式。

咖啡中，所有的最佳风味，都与水在一定时间内从咖啡中提取的香味量有关。如果水流速度过快，一杯咖啡便会寡淡无味；而水流过慢，咖啡又会过度萃取，苦味偏多。为避免这一问题，咖啡要根据制作方式来研磨，以便让悦人的香味先释放出，而让令人不悦的气味留到后面。

在瑞典，官方用的咖啡研磨粉通常包括刚研磨好的咖啡粉、滴滤粉、法式滤压壶咖啡粉、摩卡粉、浓缩咖啡粉和土耳其咖啡粉。每种咖啡粉的颗粒大小与形状不同，而咖啡在制作时接触水的方式也不相同。通常的经验是研磨得越细，接触水的面积便越大，而水会令咖啡产生更多的苦味和

第449页：咖啡研磨好后，在无氧环境中输送与包装。

第450-451页：用于过滤研磨的工业咖啡研磨机。

MELLAN
MEDIUM
KESKIPAAHTO

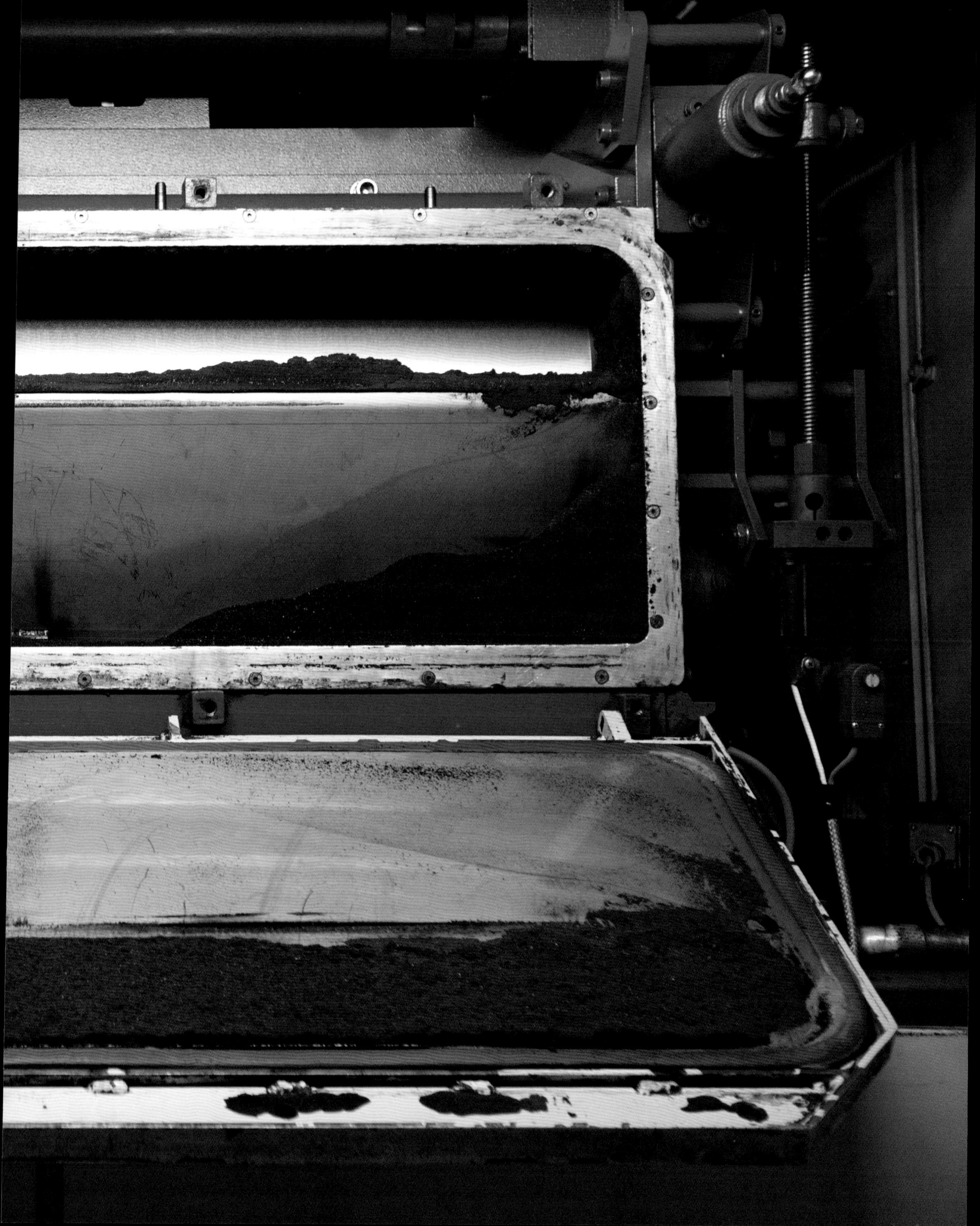

咖啡因。在瑞典，80% 的人喝中度烘焙、中度研磨的过滤咖啡粉，这种方式做出的咖啡，能产生一种苦味低的味道。

对于普通的过滤咖啡，咖啡颗粒应尽可能地磨碎。土耳其咖啡研磨后的粉末最细。在显微镜下，这种粉末看上去像一种圆形颗粒，它比更大、边缘更直的研磨颗粒氧化得更快。当水经过小的圆形咖啡颗粒时，水带走了所有的香味、单宁酸和苦味，这使土耳其咖啡与过滤咖啡的味道非常不同。

提示：

应使研磨颗粒适应咖啡制作方式。如果研磨颗粒粗糙，咖啡太寡淡；而研磨颗粒精细，咖啡的苦味又会过重。

注意不要研磨过度，因为它不会使咖啡味道更浓郁，只会加重苦味。如果想要做出更浓郁的咖啡，可以选择不同的烘焙方式。

咖啡豆研磨得越细，氧化便越快。氧气是咖啡的最大敌人。

第453页：工业规模的咖啡研磨机。

第454-455页：咖啡研磨得越细，萃取速度便越快，即咖啡颗粒与水接触后溶解速度越快。与粗研磨相反的摩卡壶咖啡粉和法式滤压壶咖啡粉等。此外，水质硬的硬水相比软水，能更利于咖啡的萃取。研磨咖啡通常需要更长的时间，这使水质较硬的地区，人们能喝到研磨得更好的咖啡。

第456-459页：研磨后的咖啡在无氧气、无二氧化碳环境中，输送到包装流程。

PROBAT
Emmerich am Rhein · Germany
KVARN 2

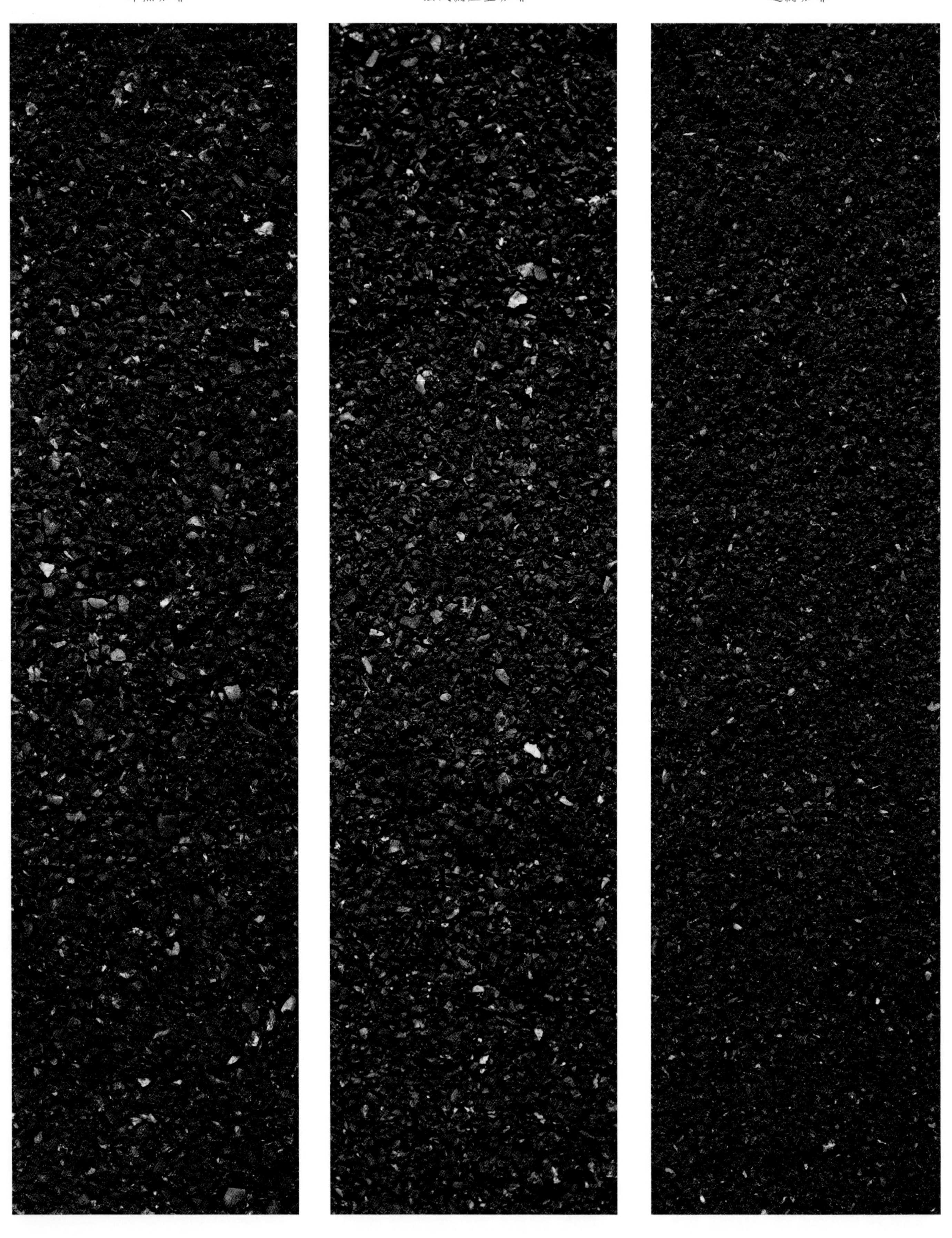
冲煮咖啡
法式滤压壶咖啡
过滤咖啡

摩卡咖啡　　浓缩咖啡　　土耳其咖啡

ARVID
NORDQUIST
CLASSIC
MELLAN

ARVID
NORDQUIST
CLASSIC
MELLAN
ARVID
NORDQUIST
CLASSIC
MELLAN
ARVID
NORDQUIST
CLASSIC
MELLAN

配制 | 制作一杯美味的咖啡

众所周知，说到品味，没有对错之分。每个人都有各自的口味选择，可以选择各种方式制作咖啡。一旦你选择了某种方式——过滤咖啡、煮咖啡、浓缩咖啡、摩卡壶咖啡、法式滤压壶咖啡，或很多其他选择；选用哪种咖啡豆或混合咖啡豆；选择浅度烘焙或深度烘焙；咖啡豆研磨到何种程度，便会按照相应的做法制作。有人喜欢淡咖啡，有人偏爱浓咖啡；有人倾向于高酸度咖啡，有人则爱低酸度等。以下列举一些如何更好提取咖啡美妙风味的简单方法，当然，这取决于你选择的制作方式。将咖啡豆密封好，存放在阴凉干燥处，但不要放进冰箱，避免冷凝水被咖啡吸收，或有其他味道的干扰。咖啡豆与氧气接触越多，越容易氧化，味道越淡，口味也越差。不过话虽如此，将整粒咖啡豆放进冰箱保存，仍是个好办法。用富含氧气的新鲜冷水来萃取咖啡，记得要清除机器中的水垢。每杯咖啡标准咖啡使用量是 8 克，约是 60 ~ 70 颗咖啡豆。

凯梅克斯（CHEMEX）

凯梅克斯是20世纪70年代现代过滤机突破发展之前使用的一种过滤器具。这种器具可根据不同口味来调整咖啡的研磨程度。凯梅克斯出现后，采用的先进技术包括陶瓷过滤器架，以及专门开发出的精细度能提高30%的过滤器。凯梅克斯可以过滤浅度烘焙的咖啡，而过滤粗粒咖啡需要的时间更长。含有较粗颗粒的浅度烘焙咖啡，若使用普通过滤机，水会过滤得过快，最后做出的咖啡味淡而苦。一段与凯梅克斯有关的逸闻趣事是，化学家彼得·施伦博姆（Peter Schlumbohm）在他的实验室开发出这项过滤技术，这在过滤器外观上也有标明。

滴滤咖啡

滴滤器使用的咖啡粉，研磨度比煮咖啡或咖啡壶咖啡要精细得多，但比浓缩咖啡又要粗糙不少。这需要有一台好的滴滤机，即一台带有两个加热元件的滴滤机，以确保水温可达92～96℃。这样，水便可以从咖啡粉中更好地提取芳香化合物。如果水温在92℃以下（很多常用的滴滤机，实际上多只能达到85～88℃），过滤过程中便无法提取最佳的味道。滴滤时间每升不应超过6分钟，以免产生单宁。切记不能用超过建议用量的咖啡粉制作。

煮咖啡

煮咖啡是北欧国家的特色，咖啡颗粒越粗糙，释放的味道也最佳。每杯使用1份咖啡。加入适量新鲜的冷水，将咖啡煮沸，再将壶从火上移开，放置一分钟。之后将壶放回火上，再次煮沸。

提示：煮咖啡时，每升水中加入90～95克的咖啡粉，而非60～65克。用普通的过滤机过滤，可使咖啡味道更柔和，芳香绕杯。

法式滤压壶咖啡

制作法式滤压壶咖啡，可以用粗磨咖啡，介于滴滤咖啡和煮咖啡之间。如果有自己的研磨机，通常会用特定的咖啡研磨设置。这种咖啡壶兼容性非常好，所以使用任何的研磨粉都可以。通常用量为每杯1份咖啡。

将热水放入壶中——理想温度为95～96℃。用木勺或塑料勺在玻璃壶中搅拌4～5圈。不可用金属勺，否则会损坏待加热的玻璃，会使玻璃出现裂缝。将过滤不锈钢网置于咖啡上方，等待4分钟，之后小心下按至底部。如果想做出一杯更浓的咖啡，可以加入1～2份咖啡，煮3分钟。

提示：先用热水预热玻璃壶和过滤不锈钢网；这样可使做出的咖啡香气能保持更长时间。

摩卡壶咖啡

虽已有各种咖啡品种，可直到几年前，摩卡咖啡一直是意大利最常见的冲泡方法。在摩卡壶中加入适量的咖啡粉，将水倒入壶的底部，至阀门下方。咖啡研磨程度应该在意式浓缩咖啡和煮咖啡之间，不可磨得太细，否则会增加压力。用勺子轻轻地将咖啡夯实，之后拧紧壶顶部的盖。

注：不建议使用铝制摩卡壶。可用不锈钢壶替代铝壶，部分是出于健康考虑，因为铝会渗入咖啡。而若将铝壶忘在炉子上，它还会熔化。

爱乐压（Aero Press）

爱乐压是用低压力来制作咖啡，是意大利浓缩咖啡一种更温和的变体。爱乐压最初来自美食市场的单人操作法，每个人研磨新鲜烘焙的咖啡豆，之后用深度烘焙的咖啡豆进行细致研磨，再倒入上部比较大的容器中，并将底部小而圆的过滤器拧好。将爱乐压放在杯子上，倒入热水，再用勺子搅拌。待1分钟左右，再将橡胶垫的推杆放进上部容器中，再慢慢地小心按下。

提示：不要让水烧开，一旦煮沸就将壶从火上移开。水沸腾的时间越长，含氧量越低，便越难提取出美味的咖啡味道。

真空技术/虹吸壶

虹吸壶使用标准的中等颗粒研磨粉或粗磨粉，再选择所喜欢的烘焙方式。将冷水加入下壶，而将上壶装满咖啡粉，每杯加入1份咖啡粉。在加热水沸腾后水蒸气使壶内升压，下壶的沸水在压力下由玻璃柱管压入上壶，咖啡被推向上壶的顶部。当所有的水从下壶流出后，萃取或味道提取阶段便开始了。移开热源，下壶降温后压力下降，趋向真空状态，以吸取上壶已煮好的咖啡，这时的咖啡便可以饮用了。

冷萃咖啡

冷萃咖啡是几年前来自美国的一种新潮流，不同于通常所说的冰咖啡。冰咖啡是一种普通的过滤咖啡，放置冰箱中冷却，混有糖浆、牛奶和豆蔻。而冷萃咖啡是将粗磨咖啡与冷水混合，再放入冰箱12～24小时，之后通过普通咖啡过滤器过滤而成。另一种是冰滴咖啡：让冷水滴至粗磨咖啡上约8小时。它的味道与冰萃咖啡不同，因为没有在热过滤中提取出更多味道，因此使用这种方法，需要香气浓度高的咖啡，如来自肯尼亚的AA级咖啡、来自坦桑尼亚的AA特级咖啡，来自萨尔瓦多的帕卡玛拉（Pacamara）精品咖啡，或来自巴拿马的瑰夏。“氮气冷萃咖啡”（Nitro cold brew）是咖啡界的一种最新趋势，在带有龙头的壶中加入氮气，最后制作出的咖啡与带着泡沫的黑啤酒惊人相似。

咖啡渗滤壶（Percolator）

使用类似于法式滤压壶咖啡的粗磨咖啡粉或研磨得稍细的咖啡粉，可以使用冷水。这一过程与真空过程类似，不同之处是只有一个容器，水从过滤器中推至咖啡，在沸腾前流过咖啡。

意式浓缩咖啡（Espresso）

尽管现代咖啡制作中可选择的方式更多了，但经典意式浓缩咖啡还是多使用7～8克浓缩咖啡粉。意式浓缩咖啡通常是深度烘焙后加入一些罗布斯塔咖啡，88～92℃的水在9帕的压力下，流经咖啡时萃取20～30秒。浓缩咖啡会在咖啡表面形成一层厚厚的油脂。

对于浓缩咖啡，家庭与咖啡馆的操作有所不同，区别在于泵压。家用咖啡机的标准泵压常为8～9帕，最高可达15帕，而专业咖啡机的泵压恒定为9帕。

咖啡机将水推入准备好的咖啡粉饼中，水提取出咖啡豆中更多的酸性味道，酸度较低的咖啡豆原料可以平衡酸性味道（深度烘焙的咖啡豆比浅度烘焙的酸度更低），之后提取出更多的不同味道与香气。

在意大利北部，人们主要喝阿拉比卡咖啡；而在意大利南部，人们则更加青睐罗布斯塔咖啡和烘焙颜色更深的咖啡。那不勒斯和西西里的浓缩咖啡是所有咖啡中颜色最深的，接近黑色，如烤焦状。

玛奇朵咖啡（Caffè macchiato）

玛奇朵一词意为“染色的”。用一茶匙奶泡加上出一杯浓缩咖啡制成。

卡布奇诺（Cappuccino）

卡布奇诺意味着“罩[1]”。制作浓缩咖啡，理想情况下是奶泡应正好与杯沿齐平：1/3浓缩咖啡＋1/3蒸汽牛奶＋1/3奶泡。

拿铁（Lattel）

按上述方法，做一杯单杯或双杯的浓缩咖啡。在玻璃杯中加入热牛奶，之后加入奶泡。

拿铁玛奇朵咖啡（Lattel macchiato）

在玻璃杯中加入奶泡，之后加入单杯或双杯浓缩咖啡。

大杯咖啡（Lungo）

在浓缩咖啡制作中使用更多的水萃取，约60～100毫升。需冲泡时间较长，而不是像美式咖啡，在冲泡后加水。

[1] 罩类似卡布奇诺教会的修士在深褐色外衣上盖上一条头巾，咖啡由此得名。——编者注

力士烈特（Ristretto）

同正常制作浓缩咖啡的方法，但制作总量减半。特浓咖啡是更加浓缩的咖啡，香气浓郁，苦味更少。

可塔朵（Cortado）咖啡

加入少量蒸汽牛奶的浓缩咖啡。

白咖啡（Flat white）

一种由澳大利亚人发明的、带有蒸汽牛奶的卡布奇诺。但在咖啡上并未加厚奶泡和巧克力粉。

美式咖啡（Americano）

用热水稀释后的浓缩咖啡。一杯浓缩咖啡通常加水100～200毫升。

澳式黑咖啡（Long black）

与美式咖啡不同，这种浓缩咖啡直接用热水煮出，并保留了油脂。

摩卡（Moka）咖啡

制作方法和拿铁一样，但在加入牛奶之前加入一至两匙可可粉。摩卡咖啡的名字可能起源于也门的摩卡市，那里以出口巧克力味咖啡而闻名。

阿芙佳朵咖啡（Affogato）

将一杯热浓咖啡浇在一勺香草冰淇淋上。Affogato意为“淹没”，是一种受欢迎的甜点。

卡瑞托（Corretto）咖啡

卡瑞托咖啡在意大利语中意为“更正”，这种“更正咖啡”是另一款受欢迎的甜点。在浓缩咖啡中加入少许干邑白兰地、格拉巴酒或茴香酒。在西班牙，它被称为茴香咖啡；而在北欧，则被称为卡斯克（kask）。

冰镇咖啡（Frappè）

最早源于1957年的一种希腊冷咖啡饮料，以速溶咖啡为基础，希腊人将其称为国民咖啡。如今，冰镇咖啡可以用任何咖啡来制作，但最理想的是用浓缩咖啡。冰镇咖啡有多种不同的制作方法，一种经典的方法是：在咖啡中加入蔗糖或糖浆，加入少量水与大量冰。在鸡尾酒调酒器中摇晃1分钟，或使用搅拌棒搅拌出更细的泡沫，之后倒入高脚杯。

WARNING!!
BURN HAZARD
ON
OFF
EXPOBAR

水质

一杯咖啡中98%都是水。因而水质会直接影响咖啡的风味。水质越干净，越能显出咖啡的固有的风味，不管这种风味是否令人愉悦。瑞典、挪威和芬兰的水质受外界影响最小。瑞典的水质从北到南有所不同：北部的水质最干净，而瑞典南部的地下水中有更多的污染物。此外，瑞典的水中不含氯气，而水中的氯气在很多国家非常常见，它会影响到咖啡的风味。水质的硬与软，并不会影响咖啡本身的味道，但却会影响萃取过程中对咖啡风味的提取。在过滤机中，硬水流过咖啡的速度更快，因此需要更精细的研磨和更深度的烘焙。如在斯科纳（Skane）地区，为了适应当地的硬水，咖啡豆需要深度的烘焙，这在瑞典南部很常见。而瑞典北部的软水可以更多渗入咖啡颗粒，提取出所有风味，包括苦味及单宁味。因此，配合这里的软水，适合颗粒更粗的咖啡粉，并使用浅度的烘焙方式。

滤纸

选择白色滤纸或棕色滤纸。白色滤纸与棕色滤纸环保效果一样。棕色滤纸中，质量较差的滤纸会散发一种影响咖啡口感的纸浆味，而看不见的滤纸中孔隙并不好，导致水流无法均匀地通过咖啡。而白色滤纸中，质量较高的滤纸没有异味，并有更好的打孔效果，确保了水在咖啡中的流动更均匀，可以更好地提取令人愉悦的风味。

脱因咖啡

脱去咖啡因的咖啡并非完全不含咖啡因。减少咖啡豆中的咖啡因含量，可以去除大部分咖啡因，但并不是全部。对于那些喜欢各种咖啡风味，但又对咖啡因敏感的人来说，脱因咖啡是个不错的选择。

在不破坏咖啡中800～900种美妙风味的前提下，减少咖啡因的含量是个很大的挑战。降低咖啡因含量的几种方法中，正在使用的有：罗泽柳斯法（Roselius）、二氧化碳处理法（carbon dioxide method）和瑞士水处理法（Swiss Water Method）。它们分别使用溶剂、二氧化碳和水。

咖啡因是一种白色水溶性晶体。这意味着处理咖啡因可以使用水，但又无法仅使用水，而不影响到咖啡的其他化学成分。

20世纪初，德国咖啡商、发明家路德维格·罗塞利乌斯（Ludwig Roselius）引进了首个商业化的咖啡加工方法。在烘焙之前，先浸湿绿色生豆，再添加不同的酸和碱。他使用了碳氢化合物和溶剂苯来处理；但因这些都是有害化学物质，后来这种方法已不再使用。

二氧化碳法是一种更安全健康、更现代的方法。将绿色生豆蒸熟，并在高压下加入液态二氧化碳。咖啡豆在高压下释放咖啡因，之后二氧化碳将咖啡因萃取，咖啡因被引入吸收室，在那里释放压力，二氧化碳回到气态并溶解。由此产生的碳酸，会与从咖啡豆张开气孔中释放的咖啡分子结合。

在瑞士水处理法中，咖啡豆要浸泡几个小时，以便能提取出咖啡因分子，以及令人愉悦的芳香油和香味。因采用活性炭过滤器的独创性过滤工艺，水可以去除咖啡因，并保留咖啡的所有风味。大的咖啡因分子会留在过滤器中，而较小的则进入水中，使水中的咖啡因含量明显降低。水再次流过咖啡豆，开始重新提取咖啡豆中的风味与香气。

第471页：绿色生豆在烘焙和研磨前，加工成脱因咖啡。

速溶咖啡（Instant Coffee）

速溶咖啡又称冻干咖啡，是冰咖啡、拿铁、意式浓缩咖啡、卡布奇诺和拿铁玛奇朵等不同品种水溶性咖啡颗粒的总称。

速溶咖啡主要有喷雾干燥法与冷冻干燥法这两种生产方法。通常是将咖啡豆混合、烘焙与研磨，之后在一种过滤器中萃取，以提取风味、香气和颜色，萃取后的咖啡变成了浓缩的液体。使用喷雾干燥法或冷冻干燥法，目的都是将咖啡干燥成固体的水溶性颗粒。

喷雾干燥

浓缩咖啡颗粒遇到热空气后溶解，一滴滴浓缩液体从杯中滴落。水分在下落中蒸发，咖啡在咖啡杯底部沉淀成细小的粉末。将粉末加湿，咖啡颗粒黏在一起，最后制作者从这些颗粒中筛选出均匀的颗粒。

冷冻干燥

将咖啡原液低温冷冻，之后在真空状态干燥。此过程中，热量释放，水分蒸发，冰变为气体，速溶咖啡颗粒便形成了。

速溶咖啡的味道通常不如从头开始制作的新鲜咖啡。即便如此，速溶咖啡也可以做出优质、美味的咖啡。不同的是，速溶咖啡通常由较为便宜、品质较低的咖啡制成，如阿拉比卡咖啡中的低等品或罗布斯塔咖啡，它们的咖啡因含量更高，但味道却更淡。

19世纪末，制作水溶性咖啡的想法便已经出现。最早于1881年来自法国人阿方斯·阿莱斯（Alphonse Allais）；9年后，新西兰因弗卡吉尔（Invercargill）的大卫·斯特朗（David Strang）以斯特朗咖啡的名义，出售了一种专利号为3518的可溶性咖啡。在此之前，人们认为速溶咖啡是由在芝加哥工作的日本科学家佐藤加藤（Satori kato）发明的。1901年，他在纽约布法罗（Buffalo）的泛美博览会（pan-American exposition）上展示了他的这一发明。还有一些其他的发明者，但1938年，雀巢咖啡推出了更为复杂的咖啡提纯方式。

第二次世界大战后，高真空状态的冷冻干燥咖啡被研制出。高真空工艺最初用来为美国军方生产的青霉素、血浆和链霉素，是战争时期其他领域研究中的间接成果。战争结束后，该技术在和平时期开始大量推广。

据市场研究公司欧睿信息咨询（Euromonitor）公司称，中国的咖啡市场主要由速溶咖啡组成。最受欢迎的速溶咖啡是三合一咖啡，即咖啡、糖和增白剂。当下，咖啡店的增多与咖啡文化的流行，正在推动着新鲜烘焙咖啡与研磨咖啡的发展。在咖啡细分市场和咖啡店中，最受中国人喜爱的咖啡是拿铁。

麝香猫咖啡（KOPI LUWAK CIVET COFFEE）

麝香猫咖啡（又称猫屎咖啡）非常有名，因咖啡豆是从亚洲棕榈麝香猫（Asian palm civet）粪便中提取而得名。Kopi意为咖啡，而luwak是印度尼西亚语中“麝香猫”之意。在黑夜的掩护下，麝香猫这一身材娇小的“美食家”爬上咖啡树，摘下颗粒饱满、熟透了的咖啡樱桃。第二天早上，咖啡农在种植园周围找到麝香猫的粪便。麝香猫在吞下咖啡樱桃后，甜果浆进入它们身体的整个能量系统，而实际上，咖啡樱桃的“羊皮纸”薄膜内包着的咖啡豆，通过麝香猫消化系统中的酶温和发酵，之后变成粪便排出，散落在咖啡树之间。

我在苏门答腊岛遇到的一位当地人说：当殖民地的船载着咖啡来到印度尼西亚时，麝香猫咖啡便有了。当地采摘者按自己所需收集这些“咖啡豆”，而这最终遭到种植园主的禁止和惩罚。由于没有经济来源，无法购买咖啡，种植园工人开始从棕榈麝香猫的粪便中挑选“咖啡豆”。这一源自贫穷的行为，几百年后的现在却成了一种趋势，麝香猫咖啡也成为世界上最昂贵的咖啡之一。

当我拜访位于亚齐塔肯贡咖啡中心的苏门答腊加亚（PT Sumatra Jaga）公司时，有16种麝香猫咖啡可供品尝。这家公司每月拣选出约500千克的麝香猫咖啡，之后再清洗、酿制和销售。

我在网上看到烤麝香猫咖啡豆的价格，每100克价格约为24.99美元，约为2200瑞典克朗/215欧元。

“麝香猫咖啡，来自印度尼西亚苏门答腊岛北部的小型有机农场，不含苦味，芳香浓郁，风味丰富，是送给咖啡爱好者的绝佳礼物。”这条广告看上去自然而然，非常吸引人。但可以说，它只是广告推销。与品质相比，它更像是皇帝的新装、吸引游客的陷阱。还有大量的模仿者，甚至将低质的罗布斯塔咖啡充当麝香猫咖啡出售。在其他一些国家，研究者已经研发出麝香猫咖啡的变种，据说将更大的动物与咖啡浆果一起喂养种植，以生产大量肠道发酵后的咖啡。据BBC（英国广播公司）几年前报道，这种咖啡的售价约为每杯50英镑（约为500瑞典克朗/57欧元）。

麝香猫咖啡杯测成绩稳定，但在咖啡的醇度与特色方面却较为缺乏。咖啡专家们对麝香猫咖啡的兴趣并不太多，甚至谈到它的未来时，可能还会在困惑中摇头。

不购买麝香猫咖啡有很多合理的理由。世界上很多人都认为它是一种优质与独特的咖啡，在市场上供不应求。而生产者为更多满足人们的需求，增加含咖啡粪便的产量，开始捕捉动物，将其关进笼子，强制喂食，这种做法在世界多地遭到谴责。一位苏门答腊岛的朋友说，他们已停止圈养动物，但在巴厘岛和其他一些地方，这种行为却仍在继续。虽然很多人会喜欢猫屎咖啡，但不去购买，显然有很多理由。

第475页：将咖啡豆分离前，亚洲棕榈麝香猫的粪便。

第477页：从亚洲棕榈麝香猫的粪便中，分离出的咖啡豆。

胶囊咖啡

几十年来，胶囊咖啡已成为人们日常生活中的一部分。一个好用且简单的操作系统，只需按下咖啡机的按钮，就能做出拿铁或卡布奇诺这种完美的意式浓缩咖啡。

“这就是一切开始的地方，”罗马传统老店桑特欧斯塔奇咖啡馆（Sant' Eustachioil Caffè）的经营者持有者雷蒙多·里奇说，“在我创建这家店时，埃里克·法夫尔（Eric Favie）萌生出一个想法：不需要熟练的咖啡师，每个人都能做出美味的咖啡。”那时埃里克在雀巢咖啡工作，像往常一样光顾我的咖啡馆。我们边品尝咖啡，边讨论咖啡的未来。当埃里克离开雀巢时，他有了这一大胆的计划，胶囊咖啡最终成了现实。

1976年，埃里克为奈斯派索（Nespresso）咖啡工艺申请了专利，这是迈向全球成功的第一步。之后，其他公司也在模仿这一专利。它的技术是以真空胶囊来防止咖啡接触空气。胶囊里有5克研磨精细的咖啡，当水经过咖啡时提取香味。假设精细研磨的咖啡本身质量便很好，那最终做出的咖啡便有着稳定的品质。首先在胶囊顶部穿孔，与水接触前产生高压。之后刺穿胶囊底部，咖啡滴入杯中。标准的浓缩咖啡机压力为9帕，咖啡浸泡水中时，提取香气的时长为20～25秒。一台奈斯派索咖啡机压力均高达21帕，提取了优质的精华油，而提取时长仅有10～15秒。

20世纪90年代末，斯德哥尔摩的PR代理公司，在瑞典推出了一款当时还不为人知的奈斯派索咖啡，我受邀品尝并鉴定它的风味。与我一起品鉴的还有葡萄酒品鉴家卡尔·简格兰奎斯特（Carl Jan Grangvist）和品鉴香槟的世界冠军理査德·尤林（Richard Juhlin）。我们品尝了不同品种时，默默相互一瞥，都感到非常惊讶。咖啡的味道好得令人难以想象，尤其是力士烈特（Ristretto，双倍浓度咖啡），完全超出了我们的预想。

胶囊咖啡的品质通常很高，是美味的标准，也是受人们喜爱的原因之一。胶囊可以抗氧化1～2年。而随着胶囊咖啡制造商数量的增加，胶囊咖啡的市场状况也有了变化。胶囊咖啡在法国最受欢迎，2016年市场达到顶峰，目前约占消费市场的40%。在瑞典，胶囊咖啡并没有过多突破，2015年市场达到顶峰，目前占咖啡市场的3%～4%。奈斯派索的专利已过期，如今出现了很多模仿奈斯派索咖啡的产品。

在美国，绿山公司生产的克里格（Keurig）咖啡一经推出，便牢牢掌控了市场。星巴克和其他咖啡店也根据科瑞格的研制方法，制作胶囊咖啡。他们试图为美国咖啡市场建立一种标准。

胶囊咖啡的好处是简单、方便、稳定，使人每次都能喝上同样味道的咖啡。另一方面，随时间推移，尽管不同品牌将它们的咖啡混合产品做出了一系列风味，但仍会显得单调乏味。胶囊咖啡比普通咖啡贵得多，一杯胶囊咖啡的价格为3～5瑞典克朗/0.3～0.5欧元，而一杯过滤式咖啡的价格约为0.80瑞典克朗/8欧分。

对于胶囊咖啡，人们一直有争论说它破坏了环境。但其实除铝胶囊外，已经产生了各种各样可降解胶囊的塑料材料，如玉米和蛋壳复合材料。可即便如此，开发出最适宜的生态胶囊仍需一段时间的努力。

2017年秋季，莫卡玛斯特（Moccamaster）公司发布了一款滤泡式咖啡机，特为制作单杯咖啡而生产。它是否会争夺胶囊咖啡的市场，或许仍需时间检验。

当下的一些胶囊咖啡品牌：
雀巢的奈斯派索（Nespresso，Nestlé）
佐加斯雀巢的杜尔斯–古斯托（Dolce Gusto，Nestlé，Zoegas）胶囊咖啡
阿维德–诺德奎斯特，克吕格，胶囊咖啡（K-fee，Krüger，Arvid Nordquist）
紫色渐浓黑咖啡，咖啡胶囊系统（Caffitaly，Löfbergs）
格瓦利亚公司的雅各布斯·杜威·埃格伯特，塔西莫胶囊咖啡（Tassimo，JDE，Jacobs Douwe Egberts，Gevalia）
绿山公司的科瑞格（Keurig Green Mountain）
伊利（Illy）
拉瓦扎（Lavazza）
玛龙欧（Malongo）
塞索（Senseo）

Espresso
Magia
LAVAZZA A MODO MIO
ESPRESSO THE GOOD ONE
ARVID NORDQUIST
GEVALIA
ORIGINAL
NESCAFÉ Dolce Gusto SOY CAPPUCCINO
ESPRESSO THE PROUD ONE
ARVID NORDQUIST
K-fee
NESCAFÉ Dolce Gusto SOY CAPPUCCINO
Kharisma
NESCAFÉ Dolce Gusto
ARVID NORDQUIST
Espresso
KAFFE THE DARK ONE
Magia
NESCAFÉ Dolce Gusto SOY CAPPUCCINO
ESPRESSO THE GOOD ONE
ARVID NORDQUIST
K-fee
NESCAFÉ Dolce Gusto SOY CAPPUCCINO
KAFFE THE DARK ONE
ARVID NORDQUIST
K-fee
Kharisma
BRYGG/FILTER
Löfbergs
Caffitaly
LAVAZZA A MODO MIO
Magia
GEVALIA
ORIGINAL
Kharisma
BRYGG/FILTER
Löfbergs
Caffitaly
LAVAZZA A MODO MIO
Magia
Espresso
ESPRESSO THE GOOD ONE
ARVID NORDQUIST
K-fee

咖啡的风味

精品咖啡协会（Specialty Coffee Association，简称 SCA）为咖啡品鉴者生产了一款咖啡品鉴风味轮（Coffee Taster's Flavor Wheel），以图示反映出咖啡的各种风味和香气。风味轮呈现了咖啡的9种主要风味、28种副香味，以及73种附加风味，带我们分三步进入咖啡的风味世界。如主味为果香、副味为果香干味、亚小麦葡萄干味与西梅味。

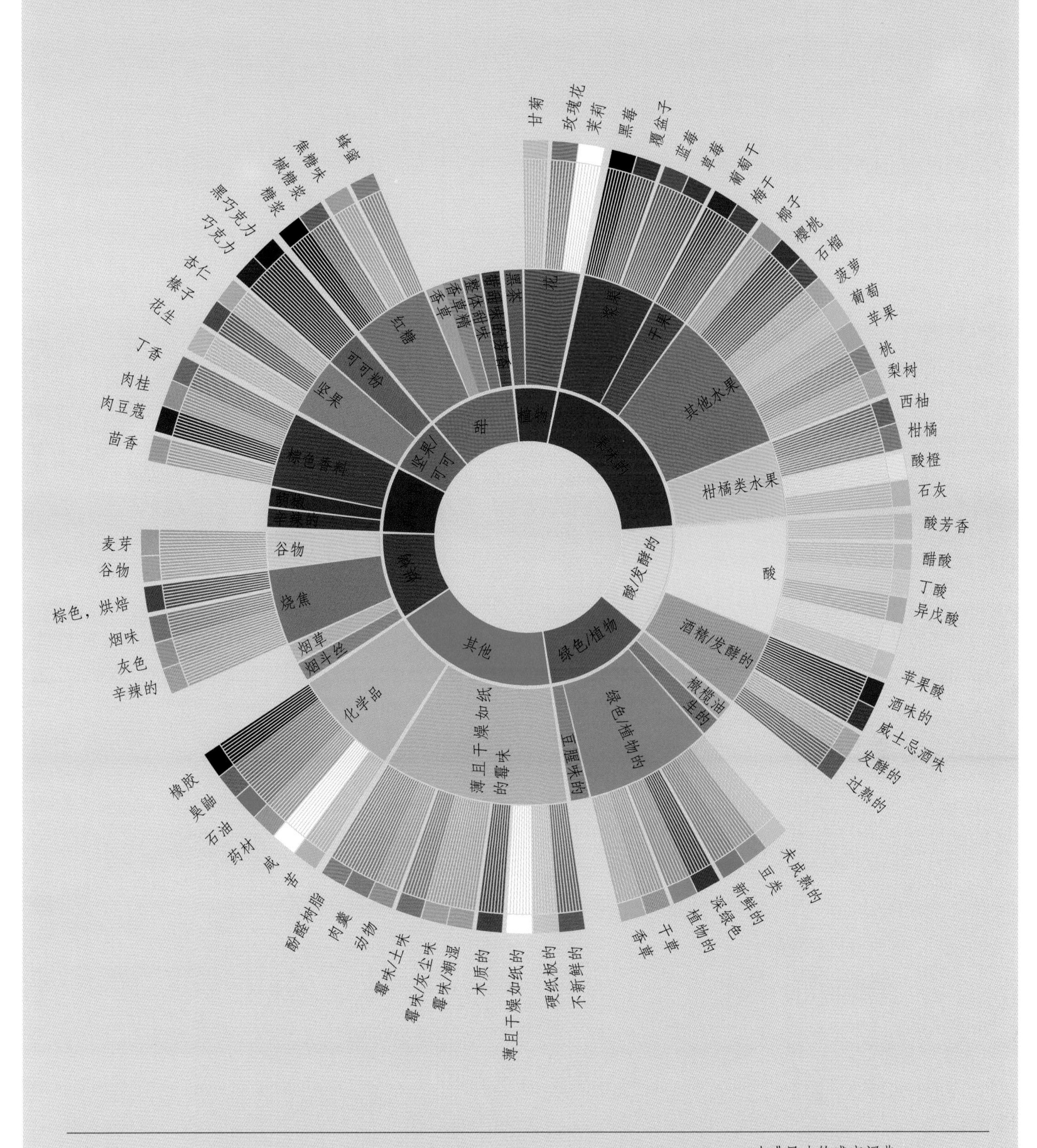

精品咖啡协会

世界咖啡研究

咖啡风味轮感官词典
世界咖啡研究协会
©2016美国科学俱乐部联合会

风味的世界

在我们所喝到的饮品中，咖啡是风味最复杂的饮品之一。从世界咖啡研究中心的“感官词典”（Sensory Lexicon）中可见，咖啡香气和风味的微差，是我们食用的其他任何食物都无法比拟的。

语言并不总是能描述我们味觉体验所带来的感觉。我们感知口味和气味的能力是个性化的，不易描述。即便如此，我们总是试图去解释咖啡的风味是如何形成的，以及如何从工艺技术与化学角度来定义这些风味。

我们吃、喝，品尝、闻到的一切，都会产生对复杂分子和遗传密码的感知，这些感知会写入我们的身体。咖啡的每种风味和味道都来自一组化学物质，而它们取决于咖啡种子的基因、咖啡树的种植方式、咖啡豆采摘后的加工方式，以及制作一杯咖啡前如何对豆子进行干燥处理、脱粒、储存、运输、烘烤的加工过程。咖啡中的许多化合物都丰富了它的风味，但也有例外。

咖啡豆一旦烤好，便不再是一种原料，而成了易腐烂的食品，这一点极为重要。它意味着暴露在空气下，烘焙出的咖啡豆香气开始氧化，这会影响咖啡的味道。

当咖啡饮入口中，咖啡的多种风味、香气和口感都会给我们带来感官的整体体验，数百种化合物在这一刻相互混合。口感是食物在人们口腔内由触觉和咀嚼而产生的直接感受，是味觉体验的重要组成。用来描述口感的术语有油腻的、黏稠的和刺激性的等。

第483页：肯尼亚的咖啡烘焙试验。

品鉴咖啡是以人口中可以感知的五种基本口味为基础，即：甜、酸、咸、苦、鲜，而其他数百种味道是我们通过鼻子感觉到的。

世界咖啡研究“感官词典”中使用的风味轮图形，使感知与咖啡的风味和香气对应。甜味以蔗糖为主，酸味以柠檬酸溶液为主，苦味与咖啡因有关，咸味则来自氯化钠为主的盐的味道。

咖啡含有 800 ~ 900 种香味和芳香成分，而人只能感知其中的 100 ~ 200 种。国际咖啡实验室的马内·阿尔维斯（Mané Alves），主要负责从化学方面培养咖啡专业人士。他说，仅描述咖啡的香味，本身就是一门完整的科学，咖啡的香味主要存在于花、草等植物中，也存在于烤过的谷物片、烟草味，以及浆果味和干果味中。

一旦识别出一种味道，便可进一步去细分。例如，我们闻到一种苹果味时，便可进一步界定这是绿苹果、黄苹果还是成熟苹果的味道，又或是苹果酱的味道等。在对实际味道分类之外，专家们还会评估每种味道和香气的强度，以及这种味道相比其他味道的明显程度（从几乎察觉不到到极度强烈）。

酸味本身有时会被界定为略带刺激、令人不悦的味道，但在与其他混合物结合后，便可能会产生一种令人愉悦的新的酸味。

马内·阿尔维斯告诉我，咖啡豆中含有 32 种酸味。最主要的为绿原酸，其次是柠檬酸，柠檬酸增加了咖啡的新鲜度。其他重要的酸味有苹果酸、醋酸和磷酸，它们没有任何味道，但增加了酸味的新鲜感。此外，还有各种不太重要的酸味，它们的挥发性，使有些酸味增加了咖啡的风味，而有些则不然。

与葡萄酒一样，决定咖啡风味最重要的因素是咖啡树的生长土壤。土壤中的矿物质和营养物质在雨水中释放，被咖啡树的根部吸收，最终显现在咖啡的风味上。这意味着各种咖啡会因产地的不同而风味不同。即使有着相同的遗传密码，可产自巴拿马和墨西哥的咖啡，口味还是有所不同，因为两国的土壤有别。世界上价格最贵的咖啡品种之一——瑰夏，因其基因中的细微差别，产自巴拿马的咖啡风味最好。原因很简单，巴拿马有咖啡生长所需要的土壤、气候和生长海拔的最佳组合。气候对咖啡风味的影响至关重要，其中日照时间、降雨量和咖啡树所获得的遮阴量是关键因素，无论遮阴量是由大自然中的云所带来的，还是来自专门为遮阴和保护咖啡树而特意种植的树。

咖啡树从土壤中吸取了生长所需的所有养分，却没有给土壤以任何回报。若农民不采取任何措施回馈土壤、养护土壤，那土壤会贫瘠而亡，咖啡的风味与质量也会大大降低。

“长期以来我们一直在追踪研究咖啡，了解它们每一步的变化。”马内・阿尔维斯说。测试咖啡树的树叶是为了检测咖啡树的健康状况和质量，测出哪些营养成分充足，哪些需要添加营养，以确保质量。

在烘焙过程中，咖啡豆的香味随烘焙过程而变化。氧气遇到碳水化合物时产生了酮，它占咖啡香气的 21.5%；而醛占 50.7%。生豆和烘焙咖啡中都含有酮和醛，它们带来了不同的味道，从花香、甜味、果味、蜂蜜味到苦味、坚果味和烧焦味。也有些其他的酮带来了黄油味、辛辣味、草味与薄荷味。烘焙过程中分解出生物碱中的葫芦巴碱，形成了维生素，还有各种对咖啡香气的挥发有着重要作用的化合物，包括产生泥土霉味的吡咯，有强烈坚果味及有助于烘焙的吡嗪。葡萄糖或糖是焦糖化的基础。糖类中的蔗糖是咖啡中最常见的糖，它对美拉德反应至关重要，是咖啡风味与味道的最重要来源之一。

咖啡食品

咖啡中的多种香味同样是烹饪中的有用原料。咖啡可以看作是厨房中的另一种香料，给食物以意想不到的新口味。据博邦啤酒店（Brasserie Bobonne）厨师兼经理的罗杰·林德伯格（Roger Lindberg）说，在烹饪食物时使用咖啡作调味品，可以使食物味道更丰富，特别是在秋、冬季使用，浓郁的香气与碳烧味可增加食物的风味。但需注意用量适度，咖啡有丰富的芳香味，但加入食物后并不是要取代食物本身的味道。

罗杰·林德伯格长期以来致力于在食物中加入咖啡的研究，研发出了咖啡与食物间的和谐。罗杰最喜爱的食物包括：味道浓郁的蛋黄酱搭配咖啡，搭配经典混合香料的烤羊肉，以及搭配经典芥末酱和莳萝酱的三文鱼与红点鲑。

咖啡与烧烤类菜肴搭配完美，因为美拉德反应能使咖啡和烤肉产生相似的味道。这些味道产生的方式相同，彼此会更加融合。美拉德反应使烘焙和烘烤食物（如啤酒、巧克力和咖啡）色泽浓郁，这也丰富了食物的风味与香气。

第487页：将煮熟的咖啡豆与洋葱、香草和香料一起煮成“鱼子酱”。

第488页：博邦啤酒店的厨师兼经理罗杰·林德伯格。

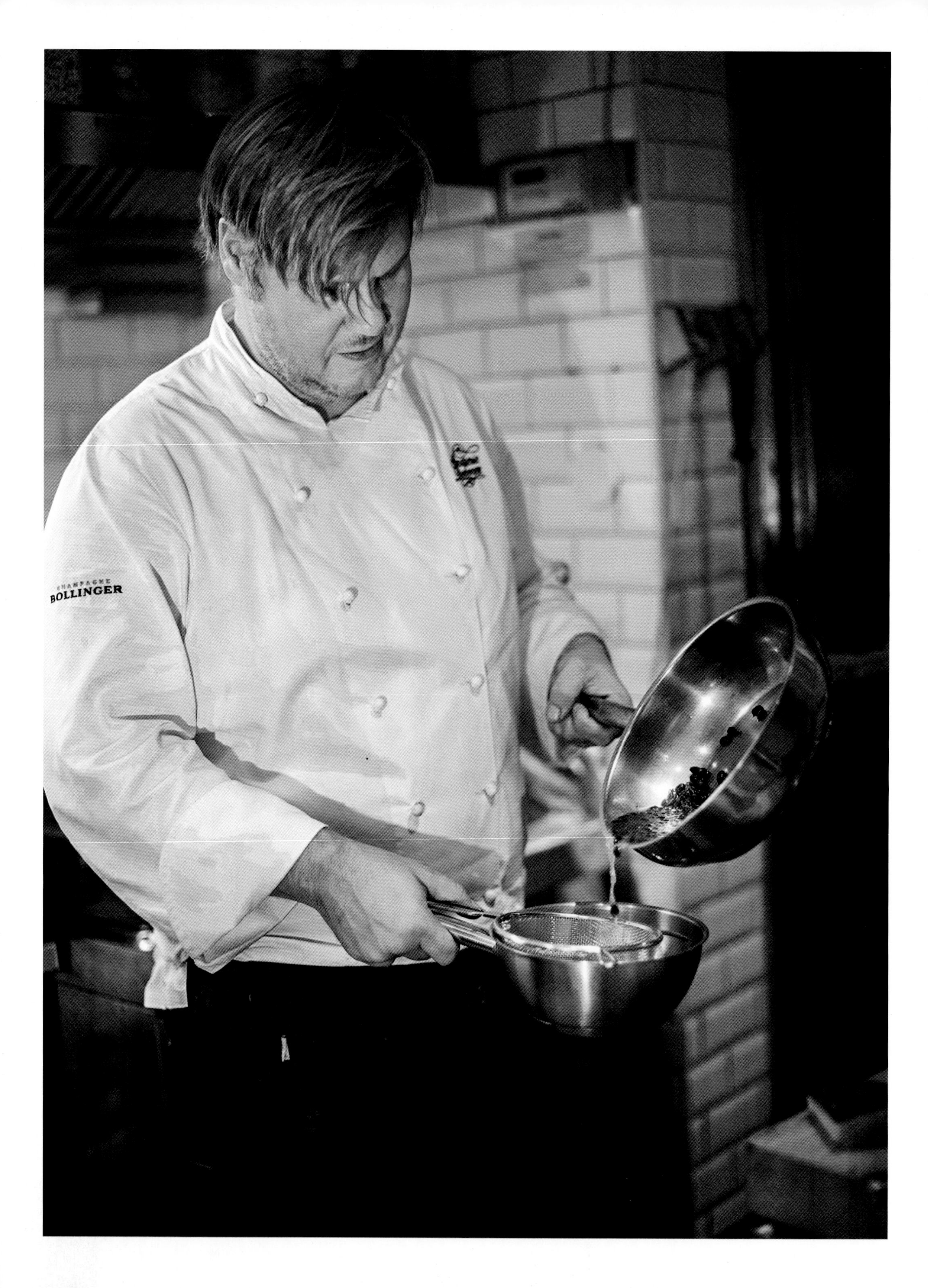
CHAMPAGNE
BOLLINGER

咖啡与红辣椒、蛋黄酱

2个蛋黄
1茶匙红酒醋
1汤匙冷却的浓咖啡
1汤匙辣椒酱——拉差[1]辣椒酱，或类似1茶匙法国第戎芥末
300毫升食用油
盐和胡椒

将蛋黄、醋、咖啡、辣椒酱和芥末放入碗中搅拌。小心倒入油，确保它们能混合均匀，之后用盐和胡椒粉调味。

芥末与莳萝酱
50毫升瑞典芥末
1汤匙糖　　　　1汤匙冷却的浓咖啡
1毫升盐　　　　100毫升食用油
1汤匙白葡萄酒醋　100毫升切碎的新鲜莳萝

将芥末、糖、盐、咖啡和醋混合放入碗中，小心倒入油，加入切碎的莳萝。

带有鸡油菌的驯鹿侧腹肉和马德拉酒
约需4～6块驯鹿侧腹肉
每人200克
黄油用于煎炸

酱汁
1根胡萝卜　　　300毫升马德拉酒
1头洋葱　　　　500毫升小牛肉汁（原料）
1头丁香大蒜　　12个黑胡椒
50毫升浓缩咖啡　1片月桂叶

将洋葱和胡萝卜削皮切碎，并与大蒜、咖啡、黑胡椒和月桂叶一起烘烤。加入马德拉白葡萄酒，使用半份的量，之后加入小牛肉汁煮沸，直到表面起了一层厚的泡沫。用细筛滤出酱汁。

混合与配料
100毫升过滤研磨后的深度烘焙咖啡
1茶匙盐　　　　1茶匙迷迭香
1茶匙黑胡椒　　1毫克辣椒粉

混合配料，在烹饪前将肉倒入混合后的配料中翻炒。

乳酪口蘑烤土豆
1千克去皮后切成片的土豆
300克秋季收获的鸡油菌　　2瓣大蒜
蘑菇若干　　　　　　　　300毫升奶油
1根小葱　　　　　　　　黄油煎

盐和胡椒粉
将烤箱加热至175℃。将葱去皮切碎，在牛油炒鸡油菌中加入青葱，用盐和胡椒调味。将黄油煮沸、磨碎、加入大蒜，用盐和胡椒调味，最好再加少许盐。将鸡油菌和土豆混合，放在耐热的盘中，淋上奶油，烘烤约35分钟。

配菜
150克鸡油菌　　　　　　蘑菇
8小块油炸洋葱

黄油煎炸
将肉加入混合香料后翻面煎，两面都用黄油煎好。将烘箱温度设定在175℃，烤3～7分钟，之后加入油炸鸡油菌和洋葱，以56℃烧烤。从烤箱中取出肉，在上菜前略放置片刻。

虹鳟鱼（RAINBOW TROUT）
150～200克虹鳟鱼
将烤箱加热至175℃。

咖啡黄油酱　　　　　　1条柠檬皮
1根小葱　　　　　　　400毫升白葡萄酒
1枝百里香　　　　　　200毫升奶油
1瓣大蒜　　　　　　　200克黄油
50毫克深度烘焙咖啡豆　盐和胡椒粉

将葱去皮切碎，将400毫升的葡萄酒煮沸，加入咖啡、葱、大蒜、柠檬皮和百里香，煮至约剩150毫升。用细筛过滤，加入奶油，煮沸后再加入黄油。用盐和胡椒调味。

配菜
1根茴香　　　　　　　半根洋葱
1个柠檬　　　　　　　橄榄油少许

将茴香和洋葱切成薄片，在平底锅里煎煸。将柠檬皮切碎加入锅中，之后再加入果汁，并用盐和胡椒调味。将鱼切成块煎约5分钟，去鱼皮，加入煮熟的土豆、茴香和酱汁混合。

上菜
上菜前撒上少许杏仁片和莳萝。

[1] 拉差（Sriracha）：泰国春武里府的一座小城，最早拉差辣酱是当地餐馆用在海鲜菜肴的辣椒酱。——译者注

咖啡与巧克力

咖啡和巧克力的结合是真正的经典风味。这种优雅的结合，使巧克力的甜味平衡了咖啡中含有的某些酸味。咖啡豆和巧克力豆都有各自的特性，它们在混合后，味道相融。即便这样，带有酸度的巧克力与浅度烘焙的咖啡，也会有某些冲突，因为浅度烘焙的咖啡比深度烘焙的更酸。制作咖啡与巧克力时，咖啡可以混合烘焙后的可可豆、可可块，也可以混合可可黄油，做法有多种。“克里奥罗（Criollo）的可可豆最好，其次是特立尼达（Trinitario），再次是弗拉斯特罗（Forastero），直接混合是最简单的方法。”劳伦·塔塞尔（Laurent Tassel）说。劳伦曾是世界烹饪大赛中瑞典的金牌厨师之一，也是一名糕点师，现于斯德哥尔摩经营一家美食面包店。

与巧克力搭配的香料有肉桂、茴香和小豆蔻，而小豆蔻又可与咖啡味的杏仁奶油搭配。巧克力、树莓、杏仁和咖啡也可以很好地搭配。

以咖啡为食料，可以制作属于你自己的巧克力松露。松露的经典风味，实际上是加入了干邑白兰地或威士忌。这里的松露可以与咖啡和巧克力完美搭配。

配料
200克优质的黑巧克力，可可含量为64%
110克（110毫升）鲜奶油
10克咖啡豆
40克黄油与可可粉

方法

将咖啡豆研磨后，和奶油一起煮。煮沸后将平底锅从火上移开，将混合后的咖啡豆与奶油放置约10分钟。将其过滤后，重新测量奶油克数，若有必要可适当补充，之后再次煮沸。将巧克力切碎，放入碗中，加入热咖啡奶油，用搅拌棒搅拌，使其变得黏稠，光泽均匀。之后加入黄油，再次混合搅拌。将巧克力块放入烤箱的托盘中烤化，之后再放入冰箱。

待松露凝固后从冰箱中取出，滚出约1～1.5厘米的松露球。之后再将松露球滚到融化的巧克力中，直接蘸上可可粉。用筛子过滤多余的可可粉，让松露自然凝固。最后，在室温下食用即可。

第493页：巧克力松露。

第494页：糕点师劳伦·塔塞尔在斯德哥尔摩的一家美食面包店。

DIVINO
ESPRESSO

风味与和谐

一顿美餐后，一杯新煮好的咖啡配上一杯葡萄酒并不常见。瑞典的咖啡人均消费量居世界第二，葡萄酒人均消费量居世界第十六位。瑞典人迷恋于咖啡和葡萄酒的味道，好奇于它们的新搭配方式，可令人感到奇怪的是，这两种受欢迎的饮品却很少搭配在一起。

话虽如此，找到一款烘焙、酸度、苦味和甜味都适合的咖啡，与葡萄酒的橡木特性、酸味和甜味相谐调，并非易事。葡萄酒和咖啡也许并不是最佳组合。法国烘焙咖啡的苦味与葡萄酒中的单宁相冲突，单宁会加重咖啡的苦味；口感略微粗糙，对葡萄酒来说是好事，可对咖啡却并非如此；酸度利于咖啡的味道，但苦味却会干扰本味；高酸度的葡萄酒须与高酸度的咖啡搭配来喝，诸如此类。

但也有例外，有时葡萄酒遇上咖啡，会让品鉴专家会心一笑，这一点得到了我们男女 8 人组成的品鉴组的一致认可。品鉴组寻找并发现了咖啡与葡萄酒搭配的秘诀，结果证明，两者混合的关键是协调酸度和苦味，使它们保持一种平衡。

我们发现咖啡和葡萄酒某种情况下很相似，都是用大量黑葡萄在橡木桶中酿制而成。橡木板在加热后，弯曲成桶，用于发酵咖啡，这也被证实是葡萄酒味产生的重要来源。但黑比诺（pinot noir）这种味道较淡的葡萄品种，既便在橡木桶中酿制，却也没有产生咖啡味。

在烈性的啤酒中我们也发现了咖啡的味道，伴有深色糖浆、太妃糖味和强烈的苦味等。由于黑啤是由麦芽而不是啤酒花酿成的，所以烘烤后麦芽有种天然的咖啡味。

我们将三种咖啡——果味咖啡、法式烘焙苦咖啡和低酸度咖啡，与葡萄酒一起品尝。很快发现，酒精含量低的葡萄酒、干葡萄酒和红葡萄酒与咖啡的搭配效果并不理想，因为品尝到的都是葡萄酒味，味道浓郁且带有甜味的酒的味道。

氧化型葡萄酒在桶中酿制的过程中有充足的氧气，这增加了咖啡香气的丰富度。结果证明，与在瓶中酿制的还原型葡萄酒相比，氧化型葡萄酒与咖啡的搭配效果更佳。

之前提到的美拉德反应，此处可以更科学地解释这一原因。当食物加热到 140 ~ 165℃时，便会产生美拉德反应，如在烧烤、油炸、烘烤面包和烘焙咖啡时。这是羰基化合物（还原糖类）和氨基化合物（氨基酸和蛋白质）间的化学反应，使食物焦糖化，最终呈棕色，带有烤后的味道。经美拉德反应，烘焙后的咖啡可以与在橡木桶中酿制的葡萄酒，或与由烤麦芽或啤酒花制成的啤酒融合。

咖啡烘焙的时间越长，酸度就越低。因此，味道浓郁、酸度与苦味度低的中度至深度烘焙的咖啡，最适合与餐后甜酒搭配。它们可以得到一种味道上的平衡。

最受欢迎的是一款浓郁的焦糖甜葡萄酒，带有奶油糖果的味道，甜味浓郁、低酸度、略带苦味，由佩德罗－希梅内斯（Pedro Ximénez）葡萄制成，与同样醇度、低酸度与苦味的咖啡搭配，十分美味。

P.X.
1986

DRY

咖啡鸡尾酒

如果搭配得当，咖啡与酒在融合后可以带给彼此更好的味道。某种类型的酒可能会稀释咖啡的醇度、香气和酸度，而反之，另一种类型的酒又会增加咖啡的香气。制作以咖啡为基础的鸡尾酒和饮料时，最重要的是确保酒味不会覆盖咖啡的味道。咖啡的味道浓郁，而各种酒也是同样，咖啡的许多香味可能也会出现在啤酒、威士忌、朗姆酒和利口酒等不同类型的酒中。

使咖啡鸡尾酒味道和气味有所不同的因素之一是温度，这取决于咖啡鸡尾酒是加冰做成的，还是在常温下直接用咖啡机做成的。

为了确保咖啡与酒精间的平衡，出发点总是咖啡的味道，而不是酒的味道。酸度高的咖啡应与甜度高的酒混合，以达到更微妙宜人的酸度感。混入酸性的酒，可以保持咖啡鸡尾酒的酸度。

酒吧经理乔纳森·波斯曼·格尔克（Jonathan Possman Gehrke）在斯德哥尔摩瓦萨埃根（Vassa Eggen）酒吧，向我们展示着他制作的咖啡鸡尾酒配方。乔纳森选择了能装下花束、有装饰效果的玻璃杯，用于自己的各种实验。

COMPAGNIE DES INDES
KAHLUA
RUM
AVERNA

STEAK
HOUSE

瓦萨埃根马提尼浓缩咖啡
（VASSA EGGEN ESPRESSO MARTINI）

马提尼浓缩咖啡（Espresso Martini）是当下最受欢迎的咖啡鸡尾酒之一，优雅且风味均衡。瓦萨埃根马提尼浓缩咖啡是个经典的变种产品，带有巧克力和橘子味，风味更浓郁，有着与以往咖啡完全不同的特征。在冷摇马提尼酒中加上少许磨碎的黑巧克力，一种优雅感油然而生。

原料
20毫升伏特加
20毫升咖啡酒
10毫升橘味白酒
2份少量苦啤酒
1份单一浓缩咖啡
磨碎的黑巧克力
冰

设备
浓缩咖啡机
调酒器
鸡尾酒过滤器
过滤筛
磨碎机
马提尼酒杯

除咖啡外，将所有配料放入调酒器，并装满冰。将咖啡倒入装有冰的调酒器，快速有力地摇晃，使它们充分混合，直到咖啡尽可能冷却。

切记：摇晃调酒器勿时间过长，否则会过于稀释其中的液体，阻碍泡沫形成。摇晃3～10秒即可。

用细筛将鸡尾酒滤入马提尼酒杯中，以避免鸡尾酒中出现冰晶。咖啡中的油脂在液体表面形成一层美丽而凝固的泡沫，之后在上面撒入磨碎的巧克力。

阿维德奥尔（ARVID'OR）
（右图）

这款鸡尾酒以两种原料调制而成。一种是被称为“Guldkant”(大致翻译为“一线希望”)的酒，由瑞典的潘趣烧酒（arrack punsch）和干邑白兰地组成。自19世纪末这款鸡尾酒出现以来，人们一直用干邑酒杯来盛放。另一种是经典的爱尔兰咖啡鸡尾酒，它是一种很棒的体验。潘趣烧酒的甜味和干邑的苦味，突出了潘趣烧酒和干邑白兰地酒的柑橘味。来自干邑的香草和杏味为阿维德奥尔酒（Arvid'Or）奠定了基调，使其成为一种酒精含量高的鸡尾酒，带有柔和的干果甜味。

为了平衡这些味道，进行混合的咖啡有着强烈的苦味和微酸味。

在鸡尾酒上薄薄抹上一层鲜奶油，能封住香槟酒杯中鸡尾酒的味道。

配料
20毫升冰镇潘趣酒
20毫升干邑白兰地
20毫升烘焙后的深色咖啡
鲜奶油
1茶匙红糖

设备
过滤器咖啡机
长柄勺
量杯

制作这种咖啡鸡尾酒的方法与制作爱尔兰咖啡基本相同。

用量杯将鸡尾酒直接倒入玻璃杯，之后加入咖啡。以长柄勺搅拌，确保咖啡和酒的充分混合，这点至关重要。如果想用红糖做一款口味稍甜的鸡尾酒咖啡，一定要搅拌到红糖化开，使其不会黏在杯底。之后在鸡尾酒咖啡上浇上少许鲜奶油，将奶油小心地倒在长柄勺背面，一层漂亮的图案便会出现在液体的表面。

蒂华纳街角店（TIJUANA CORNERSHOP）

在“蒂华纳街角店”咖啡鸡尾酒中，咖啡是实验中主要的成分。制作中用的是混合（压碎）的咖啡豆，所用的豆子口感丰富厚重，以更多增加鸡尾酒的风味。在蒂华纳街角店咖啡鸡尾酒中加入冰块后摇晃，龙舌兰酒让这款鸡尾酒带有龙舌兰酒淡淡的烟熏味，以及温和的柑橘味和香草味。意大利苦利口酒阿玛罗乔卡罗（Amaro Ciociaro），在咖啡利口酒中加入了精致的巧克力和柑橘味。这款咖啡鸡尾酒中奶油焦糖味来自奶油糖果，增添了一种童年怀旧的美好感。

配料

4颗完整的咖啡豆（混在一起）

30毫升龙舌兰酒

20毫升苦利口酒

20毫升甘露咖啡酒（Kahlua）

10毫升奶油糖果精华

一小撮盐

设备

调酒器

鸡尾酒过滤器

过滤筛

剥皮器

利口酒杯

将四颗完整的咖啡豆放入调酒器的底部，搅碎后它们会释放出大量的油脂。在调酒器中加入酒和奶油糖果，将搅碎的咖啡豆平铺在调酒器的底部。用大量的冰装满调酒器，密封调酒器后摇晃。用过滤筛过滤液体，并用去皮器剥下熟橙子的皮。将果皮小心地压在玻璃杯上，使橘皮中的油脂渗入鸡尾酒，为其加入一种柑橘的芳香味和苦味。为了增加苦味感，将压过的果皮插在玻璃杯上，这也能让鸡尾酒看上去更美味。最后，撒上一小撮盐，与甜味形成鲜明对比。

AFTER NINE

After Nine由咖啡、薄荷与巧克力组成，是After Eight中的巧克力经简单而优雅的变化得来的。一口入嘴，薄荷味环绕于鼻、留于齿唇。伏特加、利口酒与意式浓缩咖啡的结合，巧妙地隐去了略带刺激的味道。而来自利口酒的甜味又平衡了巧克力和意式浓缩咖啡的苦味，使其有了咖啡鸡尾酒的风味。一种诱人的味道在我们的舌尖与上颚间萦绕。

配料
10毫升白薄荷利口酒
20毫升甘露咖啡酒
10毫升伏特加
少许苦啤酒
1份浓缩咖啡
冰

设备
浓缩咖啡机
调酒器
鸡尾酒过滤器
细筛
玻璃杯

除咖啡外，将所有配料加入调酒器。在调酒器中装满冰块，再将咖啡倒入加了冰块的调酒器，密封后快速有力地摇晃，使所有成分混合，并尽可能快地冷却咖啡。

切记：摇晃调酒器的时间勿过长，否则会稀释其中的液体，阻碍泡沫形成。摇晃3～10秒即可。

用细筛将鸡尾酒滤入高脚杯，以免鸡尾酒中出现冰晶。与咖啡混合的配料，在鸡尾酒表面形成了美妙的泡沫，看上去令人赏心悦目。

威尔玛（WILHELM È IL MIGLIORE）

它是意大利的一种消化酒，有斯垂咖（Strega）葡萄酒中的茴香味与藏红花味。焦糖的味道来自微苦的阿玛罗（Amaro Averna）利口酒。浓缩咖啡、阿伟纳（Averna）与斯特雷加（Strega）能混合出一款意大利三重调和的鸡尾酒，天然且味道美味。加入伏特加酒，可使鸡尾酒有一种令人愉悦的柔和味道，而后味又稍有刺激感。

配料

10毫升斯垂咖葡萄酒
10毫升阿玛罗利口酒或类似微苦的利口酒
20毫升咖啡酒
1份浓缩咖啡
冰

设备

浓缩咖啡机
调酒器
鸡尾酒过滤器
细筛
马提尼酒杯

除咖啡外，将所有配料加入调酒器，在调酒器中装满冰块，再将咖啡倒入加冰块的调酒器，密封后快速有力地摇晃，使所有成分混合，并尽可能快地冷却咖啡。

切记：摇晃调酒器时间勿过长，否则会稀释液体，阻碍泡沫形成。摇晃3~10秒即可。

用细筛将鸡尾酒滤入马提尼酒杯，避免鸡尾酒中出现冰晶。

咖啡与健康

神奇的饮品

“我们在喝咖啡时，大脑中会发生很多有趣的事，”内科和心脏病专家拉尔斯·埃里克·斯特兰德贝里（Lars Erik Strandberg）说，“或许最重要的是，咖啡因可以清除大脑中的腺苷。”

腺苷是中枢神经系统中的一种神经递质，它与大脑中的神经末梢结合，使我们有了疲劳感。清晨，喝下一杯咖啡，咖啡中的咖啡因能有效清除我们神经细胞中产生疲惫感的腺苷，让我们一天都能感觉更有活力，精力充沛，远离阴郁。

像讨论其他食物一样，我们也在讨论咖啡对人体健康的影响，而身边也不乏“咖啡有害健康”这种令人担忧的报道。几十年来我们每天都在喝的咖啡，对我们到底有多少影响？

“咖啡有益于我们的健康，这在不同方面都可看出。如咖啡通过抑制腺苷和增强人体的免疫力，对癌症有一定的抑制作用。在2015年发表于《临床肿瘤学杂志》（*Journal of Clinical Oncology*）上的一项研究表明，结肠癌患者如果每天喝四杯咖啡，复发的风险可能会降低一半。”拉尔斯说。

其他几项研究也表明，咖啡因阻断腺苷的能力，可以增强人体对某些肿瘤的抵抗。此外，2016年6月世界卫生组织国际癌症研究机构（IARC）发表官方声明，称咖啡不会致癌。他们的推论是，肿瘤会使所在的细胞缺氧，周围的组织同样也会缺氧，这会产生更多的腺苷，从而又进一步恶化

缺氧状况，而咖啡因可以阻断腺苷，抑制肿瘤的生长，从而能增强人体的免疫力。

“咖啡因是世界上消耗量很多的一种物质，也能影响到人的行为”，这种说法引自一篇关于咖啡的科学文章。全世界每天约消耗 31 亿杯咖啡，这并不是夸大其词！咖啡是一种温和的刺激性饮料，令世界各大洲的人们为之吸引。在很多国家，每天清晨，人们都会自己泡上一杯咖啡，街头的咖啡馆也都坐满了人。原因很简单：咖啡因可以阻止腺苷的分泌，令人更有活力。

若长时间不喝咖啡，有些人会出现头痛等戒断症状。但若用一段时间去戒掉咖啡，那戒断现象便会好了很多。咖啡因不会激活大脑的奖励系统，因此咖啡不属于成瘾物质。据美国精神病学会的说法，一种物质必须满足 7 个标准中的 4 个，才可归类为成瘾物质。但个体间的差异很大：有些人午餐后喝咖啡，便会影响晚上的睡眠；而有些人即便入睡前喝两杯浓缩咖啡，也能睡得很沉。其中一个原因可能是，不同人身体中的咖啡因，通过肝脏代谢时离开血液的速度不同。简单来说，喝咖啡人群分“快速”和“缓慢”两种代谢咖啡因的方式，而身体中的酶决定着咖啡的分解过程。

当我与咖啡领域的专家交流，阅读相关报道和博士论文时，我几乎怀疑咖啡对人体健康的益处到底有多大。而事实上，这种益处的确非常大，这使人们一直在研制一种类似咖啡的制剂，以用于医疗。多数研究表明，除了过度饮用（每天超过 5 杯）外，咖啡对我们的健康有着积极的影响。许多专家发表意见时都很谨慎，但仍认为咖啡对人类健康有益。患有胆结石、胃溃疡、胃炎等疾病患者须注意，喝过多的咖啡会引起心悸、焦虑、烦躁和失眠。与此同时，长期喝咖啡的多年糖尿病患者，与不喝咖啡者相比，患心血管疾病的风险更低。咖啡中含有抗氧化剂，可以消除所谓的自由基，而自由基与心血管疾病和癌症有关。多项关于咖啡的科学研究统计数据分析，2013 年发表于《欧洲流行病学杂志》（*European Journal of Epidemiology*）。研究中比较了持续每日一杯的咖啡摄入量与更高的咖啡摄入量对人死亡率的影响，统计分析表明，每日一杯以上咖啡摄入量者的死亡率通常会降低，心血管疾病的发病率多也会降低。

我们可以摄入多少咖啡因？一些计算表明，每天喝 3 ~ 4 杯适量的咖啡，会对健康有益。根据瑞典国家食品局的建议，健康成年人每天的咖啡因摄入量不应超过 400 毫克，孕妇每天不应超过 200 毫克，儿童每公斤体重每天饮用量不应超过 3 毫克。一杯普通的（125 毫升）过滤咖啡含咖啡因 85 毫克，全球咖啡因的总消费量约为每人每天 70 毫克。在美国和加拿大，这一数字是 210 ~ 238 毫克；而在瑞典和芬兰，每人每天摄入量高达 400 毫克——这是最大剂量。我们也会从可可、巧克力和碳酸饮料等食物中获取咖啡因，但 80% ~ 100% 的咖啡因都来自咖啡。

斯德哥尔摩卡罗林斯卡（Karolinska）研究所的一组研究人员研究了人们与喝咖啡有关的认知变化。法国一项对无痴呆症的老年女性的研究表明，每天至少喝三杯咖啡似乎可以减缓认知衰退［《神经学》（*Neurology*），2007 年］。因此，即便我们的年龄日渐增长，经常喝咖啡也能防止我们的认知衰退。

据 2014 年发表在《自然神经科学》（*Nature Neuroscience*）杂志上的一项研究表明，咖啡因可以提高年轻人的记忆力和学习能力，拉尔斯·埃里克·斯特兰德贝里说。

在 65 岁以上的人群中，每 20 人中便有 1 人患有阿尔茨海默症（老年痴呆症）。研究表明，坚持 20 多年每天喝几杯咖啡者，比不喝咖啡者更能预防阿尔茨海默症和帕金森症。咖啡因有抑制腺苷的作用，从而增强了多巴胺的分泌，减轻了神经退行性病变与脑损伤。从本质上讲，这意味着咖啡能减缓并防止大脑中神经细胞的流失，因此似乎可以预防阿尔茨海默症和帕金森症。

之前人们认为，煮咖啡比过滤咖啡或速溶咖啡更不健康，因为二萜的含量会更高。二萜被认为会加速胆固醇的生成，可使血脂升高，增加血凝块的风险。但没有确凿的临床数据支持这一假说。如今，不管喝哪种咖啡，人们都不再有健康方面的顾虑。

各种饮品中的咖啡因含量：

过滤咖啡 125 毫升	含 85 毫克咖啡因
雀巢咖啡 / 速溶咖啡 125 毫升	含 65 毫克咖啡因
浓缩咖啡 130 毫升	含 60 毫克咖啡因
脱因咖啡 125 毫升	含 3 毫克咖啡因
茶 150 毫升	含 32 毫克咖啡因
冰茶 330 毫升	含 20 毫克咖啡因
热巧克力 350 毫升	含 4 毫克咖啡因
能量饮料 330 毫升	含 80 毫克咖啡因
牛奶巧克力 30 克	含 6 毫克咖啡因
黑巧克力 30 克	含 60 毫克咖啡因

咖啡的可持续发展

干旱不亚于新型霜冻

第533页：受真菌感染的咖啡树。

气候变化是我们这一时代所面临的最重要问题之一。咖啡树是一种敏感的有机体，而全球变暖已成为全球性的环境问题。全球咖啡带的气候变化涉及70多个国家，包括巴西、越南、哥伦比亚、埃塞俄比亚和印度尼西亚等重要的咖啡生产国。全球2500万咖啡种植者中多数都是小农户，他们没有足够的能力来应对气候变暖，很容易受到气候变化的影响。据气候研究所（Climate Institute）2016年9月的一份报告显示，全球约有1.25亿人靠为全球每天供应的30亿杯咖啡为生，咖啡的全球贸易额每年约为200亿美元。农业不仅仅与农作物和农产品有关，它的正常运转也为农民和工人的日常健康及食品的供应提供保障。如果农业停止运转，世界各地男女平等的理念，或许也会受到影响。

咖啡作物的大小、质量和味道，以及病虫害的产生，都与温度和湿度有直接关系。阿拉比卡咖啡树在10~21℃的温度中生长得最好。如果温度超过23℃，树木长得过快，结果实过早，质量便会降低。在不合适的时间，温度每升高半摄氏度，都会对咖啡的产量、口感和香气产生很大的影响。

温度变化、新的降水模式与病虫害的发生，使生活在咖啡带地区的农民生活状况更加艰难。如埃塞俄比亚在1969~2006年期间，气温增加了1.3℃；自1980年以来，墨西哥、危地马拉和洪都拉斯的气温都上升了1℃，而降雨量约减少了15%。在坦桑尼亚，有240万人依靠咖啡生产

为生。温度每升高 1℃，每公顷咖啡作物产量减少 137 千克——这相当于自 20 世纪 60 年代以来，产量减少了 50%。2012 ~ 2013 年，由于中美洲高原的异常高温和降雨，咖啡作物的损失达 5 亿美元。这导致 35 万人失业，也导致了一股叶锈病在高海拔地区的蔓延，叶锈病影响到 50% 的咖啡作物，其中危地马拉一些农民的收成损失高达 85%。有报道称，在哥伦比亚，真菌曾在之前过于寒冷的地区肆虐，它们以前只会影响种植海拔在 1500 米以上的咖啡作物，而现在，真菌也出现在海拔 300 米以上的地区。咖啡果小蠹（Hypothenemus hampei）以前只在刚果发现过，但现在已经遍布全球整个咖啡带。随着气温的升高，人们担心这种蛀虫会在高纬度地区急剧增加。

从 2015 年关于未来各种排放标准的全球研究中可以看出，气候变暖和降水模式的改变，可能导致 2050 年适合种植咖啡的地区减少 50%。气候研究所预测，按目前的二氧化碳排放速度，温度到 2100 年将上升 4.8℃。

以下材料表明，咖啡业的领军者对此也感到担忧。

“气候变化和全球气温上升，是全球咖啡生产面临的最大威胁之一。”

——国际咖啡组织（International Coffee Organization）

“我们头顶上有一片阴云，这非常严重。气候变化可能会在短期内产生明显的不利影响。它不再关乎未来，更是眼前棘手的问题。”

——马里奥·塞鲁迪，绿咖啡公司公共关系总监，拉瓦萨咖啡品牌（Mario Cerutti, Green Coffee Corporate Relations Director, Lavazza）

“如果我们只是坐以等待，等到影响我们供应链的气候变化问题更加严重，那我们将会面临更大的风险。”

——吉姆·汉娜，星巴克环境事务总监（Jim Hanna, Director, Environmental Affairs, Starbucks）

换句话说，随着气候变暖，一些地区将不再适合种植咖啡。这意味着咖啡生产的中止，或是改变种植的作物，某些情况下，咖啡会被其他作物替代。咖啡树的成长需要更多的灌溉，这对世界上许多水资源短缺的地区来说，会造成用水的压力。

巴西的几家咖啡生产商已将他们的咖啡种植园搬到了气候更适宜的地

区，以确保生产。在印度尼西亚，咖啡农正在出售他们之前一直在此生长海拔种植咖啡的土地，而搬至山上更高的区域，以寻求更低的种植温度，确保咖啡品质。在肯尼亚，气候变化一样是咖啡农废弃他们的农场或转向种植其他作物的原因之一。气候对咖啡种植的影响因每个国家与地区生长海拔和其他因素的不同而不同，但也有些咖啡种植园尚未受到影响。

回顾 1950 ~ 1980 年，霜冻一直是最不利于咖啡收成的因素，特别是在巴西。但近些年来气候有了新变化：霜冻的次数减少，而干旱却在逐渐增加。2014 年巴西的干旱使咖啡作物比预期减产了 22%。每年的 1 ~ 3 月，巴西咖啡种植区每月的降雨量通常为 200 ~ 300 毫米，这足以满足咖啡树的生长。但在整个 2014 年，降雨量远远低于这一数字，雨量的不足导致了咖啡价格的大幅上涨。查看气象图，很容易看出 1950 ~ 1980 年巴西的霜冻数据是如何被 2020 年以前的干旱数据取代。近年来，干旱变得越来越普遍。巴西 2012 年、2014 年和 2015 年的干旱，不仅影响了个体小农户的生计，也影响到全球的咖啡市场。

气候变化一直是影响咖啡作物产量波动的最重要因素，因此也是影响世界咖啡价格的最重要因素。全球变暖导致的气候变化，预计将带来未来咖啡生产地和生产方式的变化。这不仅会影响到数百万不同种植规模的咖啡农，也会影响到生产链上的每个人，直到最终影响消费者。咖啡产业正面临着巨大的挑战，而如何降低全球变暖带给咖啡的影响，有待更多的研究。

降雨量的减少使干旱更为频繁与严重。在越南，降雨量急剧下降，2015 年前 4 个月降雨量比前一年同期减少了 86%。咖啡树的生长需要水分，特别是在开花期，水分充足才可长出优质的咖啡樱桃。越南是世界第二大咖啡生产国，灌溉系统水量不足时，便会出现严重的干旱。而突如其来、带有破坏性的暴雨，常与强风一起卷席，这会导致洪水泛滥，而洪水又会侵蚀土壤。

洪水和干旱变得越来越普遍。许多报告显示，病虫害正蔓延至以前无病虫害的地区。蛀虫和真菌在温度升高的情况下，可以进入咖啡豆的内部，将其感染。

通过了解咖啡树在缺水状态下的变化，可以开发出更能抵御干旱和极端降雨的新品种。据预测，极端天气将成为未来 50 年中的常态。对于咖啡农来说，种植耐旱的咖啡树比安装昂贵的灌溉系统更容易，这有力地表明，研制新品种是未来气候中智能型农业的发展方向。

为了能够识别耐热基因型，了解咖啡生长过程中的生理和热分子效应至关重要。世界咖啡研究组织描述了一个项目，项目评估了几种阿拉比卡咖啡品种在温室和室外热应激的生理反应，研究了包括碳吸收率和蒸腾速率在内的参数。目的是要找出最重要的耐热基因，并在未来几年内开发出可用于商业生产的咖啡品种，以提高咖啡产量。

第537页：1975年，严重的霜冻摧毁了巴西70%以上的咖啡作物，这使世界咖啡市场价格翻了一番。

可持续发展的世界

第539页：埃塞俄比亚法赫姆咖啡种植园。农林复合经营减少了咖啡树暴露在阳光下的时间，延缓了果实成熟的时间。在较大树荫下种植咖啡的另一个目的是保持生物的多样性。

咖啡产业是因社会发展不足和环境条件不同而受关注的行业之一。“市场上第一杯有机咖啡对环境很友好，使用的是无毒害种植，利于改善环境，但它很难喝，几乎无法喝，”斯德哥尔摩U & W机构的可持续发展顾问玛利亚·科斯尼尔（Maria Cosnier）说，“不过那只是最开始，现在的有机咖啡非常棒。咖啡相比其他作物，杀虫剂的使用更为集中，每个种植者都想避免使用百草枯（paraquat）一类的强效杀虫剂。目前在可持续认证方面种植者已经做了很多努力，即便杀虫剂还含有化学物质，但也仍在改进中。”

如今，“环境”一词已经包含了可持续性：可持续发展的未来、可持续生产和可持续发展的世界。可持续性的概念包含三个方面：一是生态可持续发展，人们需要干净的水与空气，不能过度使用现有资源；二是社会可持续发展，包括社会条件和人们的健康，人们需要健康和幸福；三是经济可持续发展，即经济上的可行性与合理性。一旦环境对人们的未来产生不利影响，我们就应该对环境做出妥协。

“可持续发展是既能满足当代人的需求，又不对后代人满足其需求的能力构成危害的发展。”

——布伦特兰委员会（Brundtland Commission）

一些来自环境方面的威胁与我们的自然生态系统有关。如为了将土地用于农业生产而砍伐森林，这对自然造成了生态压力。如今，人们也在咖

啡种植园中种植树木，以保持土壤中的水分，减少灌溉需求，降低土壤受侵蚀的风险。开垦新土地时，遮阴的树木都被保留下来。这种结合乔木和灌木的土地利用系统称为农林复合系统，它是一个更持久的系统，具有多种群和更多的生物多样性，可以应对如风暴、干旱和霜冻等环境变化，远优于单一栽培。事实证明，单一栽培并不是最好的种植方式，当动植物群的生长地遭到破坏，只种植单一咖啡树而没有种植其他树种，会使咖啡树对人工肥料、灌溉和化学杀虫剂的依赖性更强。单一栽培还会大大增加水土流失的风险。

《咖啡出口国指南》（*The Coffee Exporter's Guide*）一书中写道，当地居民的日常生活会对大型的咖啡生产系统产生负面影响，因为居民们往往会以满足日常需求为目的，阻碍主要咖啡作物的开发和种植，从而造成当地对进口咖啡的依赖。

为了解决咖啡种植的相关问题，可持续的咖啡生产已成为一个主要方向。其目的是保护水、土地和生物多样性，保持这些地区居民的谋生能力。有机咖啡意味着保持土壤的健康与肥效，鼓励自然生物循环，禁止使用合成化学品、化学杀虫剂和人造肥料，只使用来自咖啡树树叶或果实的天然肥料。人工化肥中氮、磷和钾的浓度高于天然肥料。少量使用天然肥料，利于土壤和植物有效吸收养分；而使用人工化肥时，人工化肥会通过地下水排出，最终流入河道，导致所谓“富营养化”的营养过剩。氮气以一氧化二氮（N_2O，又称笑气）形式排放，是一种高效的温室气体。

新的计算规则表明，每生产 1 千克非有机咖啡，二氧化碳的排放量为 4.87 千克。有机咖啡的二氧化碳排放量则会少，只有 4.32 千克。有机肥料也会排放二氧化碳，除水洗咖啡的生产过程需要能量外，剔除后的果肉也会释放甲烷气体。由于巴西和哥伦比亚每公顷咖啡产量高，它们单一栽培所产生的二氧化碳值也较高，而非洲小农场的二氧化碳值或许要低得多。

一些农场中保护咖啡树的树阴很少，或是几乎没有种植遮阴树，这可使农场中全部种植咖啡树，每公顷种植密集可达 3000 ~ 10000 棵。这也意味着咖啡树完全暴露在阳光下，生长更快，产量更大。但这种情况需使用大量的化学用品，包括人工化肥、除草剂、杀菌剂和其他农药。这与适度混合遮阴树的农林复合系统不同，农林复合系统中果树、豆类、其他树木与咖啡树共存，保存了地下的水分，使咖啡浆果可以慢慢成熟。每公顷种植2000棵咖啡树的低密度种植，直接导致了咖啡产量较低，但保证了环境的可持续性。遮阴种植的咖啡也被称为"鸟类友好型咖啡"，这种种植方式为野生动物、昆虫和植物创造了一个更为多样性的栖息地。咖啡树生长缓慢，意味着它们不需要经常更换和更新，腐烂的叶子和有机肥料都会促进咖啡树的生长，带来香气和风味更佳的咖啡。

如今，有两种截然不同的声音：一种由于有机农业产量较低、不可持续，为了增加产量必须扩大土地面积，增加用水量，这其中农民的所有劳动并非都有回报；另一种从长远来看必须发展有机农业，因为人工化肥和杀虫剂对环境的负面影响太大。

遮阴种植的咖啡与有机生产方式相结合的优点是，可以重复使用营养物质，这可以促进土壤中固氮剂和降解物的活性。可持续的咖啡种植，无论是否有机，都需要耐心努力地修剪树木，保护土壤，保持地面覆盖和咖啡豆的质量，同时也需除草与防治、防控病虫害。

对小农户来说，转向有机农业是个挑战。这取决于农民的自身状况，向有机农业的过渡可能会让他们花费年收入中的很大一部分。

简单地说，公平贸易传统上关注的是社会条件和更好的咖啡价格，如瑞典有机食品认证（KRAV）和欧盟有机食品认证等，确保农业生产不使用人工化肥和化学杀虫剂。优质咖啡认证、国际互认证和雨林联盟则关注更好的耕作方法和更多的生物多样性，以为人与环境提供更好的条件。随着时间的推移，除有机认证之外的因素，包括社会条件、环境因素和更好的报酬要求等，都变得越来越相似。

2017年6月，国际社会与环境认证（International Social and Environmental Accreditation，简称ISEAL）与全球可持续发展标准组织举办了一次以"可持续发展"为主题的会议。会议研讨了一个新的关注点，即收集和将数据系统化，以便更好、更可靠地衡量现实生活状况，提高可持续发展计划的成效，协调并改善与消费者间的沟通。

但形势也有一些变化，如今国际舞台上主要的参与者已开始不再追求可持续性认证，转而关注可追溯性，从咖啡的生产者到最终的制造商都可追踪到。

伦敦亿康集团可持续商业项目全球总监苏·加内特（Sue Garnett）将当下的情况描述如下。

目前大型企业之间存在着市场分化，这显然是以投资可持续生产为代

价的。在斯堪的纳维亚国家，认证咖啡仍很重要，而其他一些国家或地区对咖啡市场认证的兴趣并不大，更感兴趣的是咖啡的可追溯性，以及他们的投资对生产者的影响。

在英国，有着传统的公平贸易的强大市场中，一些大型超市已停止使用公平贸易标签。这使咖啡认证在过去三年中的增长已放缓，只占全球消费量的 15% ~ 16%。

咖啡的未来可能会岌岌可危。从当下的世界咖啡市场价格上看，一些国家的咖啡市场投资并不可行也不可持续。这些国家或地区未来可能会从咖啡市场上消失，如萨尔瓦多，其咖啡产量从 250 万袋减少到 70 万袋。他们也可能会专注于微型农场，以天价生产小批量咖啡，这将创造一个有两个价格水平的市场。人们消费的 80% ~ 85% 咖啡都能以市场价购买，咖啡农当天便能得到世界市场的价格，不管这价格是否达到了他们的心理预期。

由于产量较低，有机种植并不是一种可持续的耕种方式，因为需要有更多的土地。目前的趋势是结合现有的力量（通过全球咖啡平台、SCS 全球服务、世界咖啡研究所与其他机构），通过提高人员最低工资、遵守童工规则，以此来应对气候变化、缺水和二氧化碳排放等一系列问题，这是全世界咖啡生产者面临的挑战。

单个公司无法对整个市场做出必要的改变，解决主要问题的真正办法是对政府施加压力。问题总是与融资有关，在于谁来出资保证每个人的最大利益。

第547页：埃塞俄比亚法赫姆咖啡种植园。

社会责任

可持续发展是当下的社会责任，包括确保人们有良好的生活条件。环境状况和工作条件与可持续密切相关，虽然有相关工作环境和社会条件的法律，但一些国家因控制或监控力不足，常将其忽视。公平贸易、瑞典有机食品认证（KRAV）、国际互世认证（UTZ）和雨林联盟（Rainforest Alliance）等是增强咖啡工人和农民保障的体系。不符合认证标准的咖啡农和公司，便不能将他们所生产的咖啡作为认证后的产品出售，这将使他们失去一笔收入。只有符合可持续认证要求的咖啡，才能获得更高的价格。在印度尼西亚，我目睹了几个咖啡农被合作社拒之门外。合作社的主席解释说，他们拒绝任何不符合认证标准的产品，合作社不想用良好的声誉来冒险。

除环境要求外，认证还保障劳动者的权利、良好的工作条件、体面的报酬、规范的工作时间、就业保障、集体协议、结社自由、获得医疗保健、安全设备和培训的机会。

2013年，巴西劳动和社会福利部更新了一份“肮脏的雇主名单”（dirty list of employers）。他们发现这些雇主让劳动者在“奴隶般的条件”中工作。也就是说，在恶劣条件下工作的劳动者，会因所负的债务被迫工作。这种种植园中，没有为劳动者提供安全服；使用有毒农药时，防护也不达标。报告中列举了检查人员如何冒着暴雨来到一个农场，发现工人们没有穿雨衣或雨鞋。在另一个例子中，工人们都睡在地上而不是床上。雇主没收了

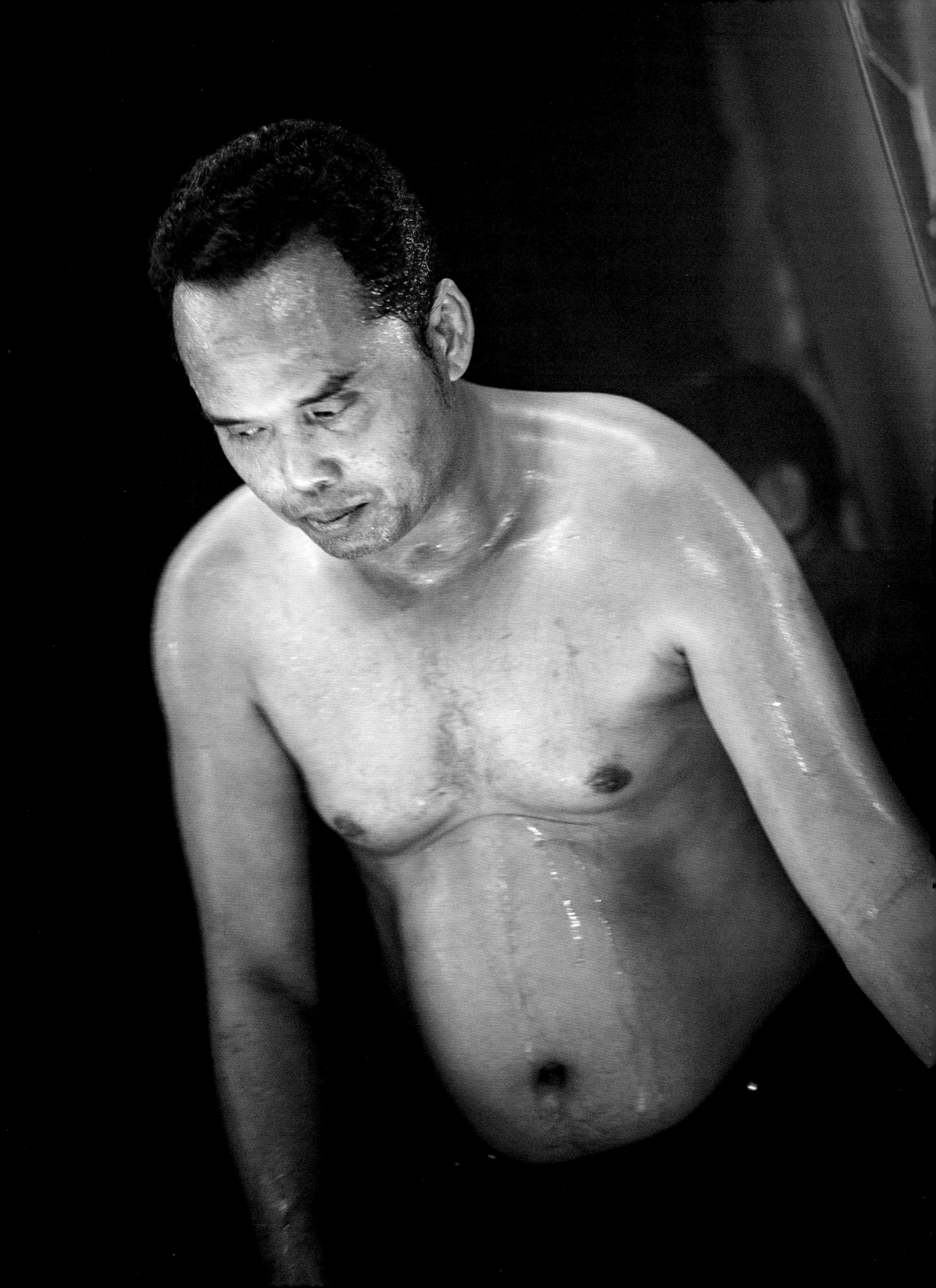

工人的护照，使可以四处选择的季节工不得不留下来工作，以偿还他们身上的债务。

“大多数形式的强迫性劳动和使用童工的情况普遍在增加，”可持续发展组织的玛利亚·科斯尼尔说，“因为几个国家的雇主正利用着主要移民浪潮，扩大咖啡生产。毫无疑问，各种可持续性认证体系将会为咖啡种植园的农民和工人带来更好的条件。”

咖啡与气候补偿

中和二氧化碳排放是通过种植树木来补偿气候变化的一种方法。种植的树木可以大量吸收二氧化碳，这些二氧化碳产生于从种植园到超市货架的整个咖啡生产与流通过程。

第553页：在尼加拉瓜，植树是气候补偿的一种方式。

据气候研究所的数据显示，目前空气中的二氧化碳浓度比过去的80万年高出40%。除非限制排放，否则本世纪大气中二氧化碳的浓度将增加一倍。

咖啡生产中二氧化碳的排放89%来自种植和加工咖啡的种植园。其中50%来自种植园中的种植环节，39%来自后期加工环节。在运输、烘焙、研磨、包装和市场供应环节，二氧化碳的排放量只占11%。在有机咖啡生产中，相应数字为86%：其中种植占37%，加工占49%，航运、烘焙等占14%。

以吨为单位的二氧化碳排放量，在咖啡生产过程中不同环节间的关系如下：

种植 / 加工	运输	烘焙	市场供应
2.2 万吨	1500 吨	1000 吨	500 吨

每千克烘焙咖啡的二氧化碳总排放量为4.87千克，具体分布在如下几

个阶段。

种植：排放 2.4 千克，相当于总排放量的 49%。在气候对咖啡的影响中，种植阶段的排放量占比最大。因能量的消耗与人工化肥的使用有关，种植中的气候影响不断增加。未使用人工化肥的有机咖啡种植，比传统咖啡种植对环境的影响要小。

加工：排放 1.92 千克，相当于总排放量的 39%。水和能量是咖啡生产中的重要部分。用水洗法处理加工时，在碎浆机中剔除咖啡豆的外壳和果肉，之后将咖啡豆置入充满水的池中，剩余的黏液在此发酵。最后再用清水洗涤一遍咖啡豆。

运输：排放 0.27 千克，相当于总排放量的 6%。使用集装箱船将咖啡运往瑞典，大部分是经海运到达斯德哥尔摩或哥德堡，再转为短途火车或卡车运输。

烘焙：排放 0.2 千克，相当于总排放量的 4%。烘焙室通过电力、区域供暖、区域制冷、加热烘焙机、使用清洁的二氧化碳（咖啡在烘焙和包装过程间的保护气体），以及使用包装材料等方式影响气候。

市场供应：排放 0.07 千克，相当于总排放量的 2%。咖啡从烘焙店运至仓库，再装入卡车送至经销商和零售商手中。

以植树补偿气候

植树是补偿温室气体排放的一种方法。全球约有 17% 或 60 亿吨的二氧化碳排放由土地的不可持续使用造成，包括砍伐森林。一棵中等大小的树木，一生中会吸收数百千克的二氧化碳。因此，植树是一种平衡二氧化碳的好方法。虽然植物生长需要时间，才能补偿之前的二氧化碳排放，但确实能平衡气候，控制水循环，减缓猛烈洪水的冲袭，也能抑制土壤的侵蚀。

除了减少二氧化碳的排放，植树和减少森林砍伐，被认为是对抗温室效应最为经济的手段。增加更多的森林面积，能对气候产生积极影响，可改善土壤和水源，有助于改善动植物的生存条件，同时还能为相关人员和社区开辟新的经济机会。

随着树木的生长，农民不仅可收获果实，也能获取燃料和木材，而树木在生长的同时，又会吸收二氧化碳。种植本地区适宜的树木和不同类型的植物品种，益于保持生态系统和生物多样性。此外，生产和市场供应使用木材较少、对健康影响较小的高效燃烧器，可以改善农民及其家庭的生活条件。

自2012年6月以来，咖啡农路易斯·大卫·卡斯泰利纳·马丁内斯（Louis David Castellion Martinez）一直与非营利组织“扎根”（Taking Root）合作。这一组织位于尼加拉瓜名为圣胡安－德里梅（San Juan de Limay）的小村庄，它们与小农户合作重新植树造林。

“扎根”计划旨在以再造林为手段种植树木，吸收破坏性的二氧化碳并释放氧气，恢复自然生态系统和补偿二氧化碳的排放。这一想法简单巧妙。有二氧化碳排放的咖啡种植公司可以与“扎根”组织签订一份为期10年的协议，承诺种植与他们排放的二氧化碳等量的树木。咖啡生产公司在整体生产过程与价值链中产生的二氧化碳排放量，会由类似U&W的专业环境咨询公司来计算。负责“扎根”项目的管理人员在测量树木的生长状况和吸收二氧化碳排放量后，可以确定需要种植多少棵树才能吸收等量的二氧化碳。“扎根”项目负责树木在农场种植之前，将苗圃中的树种培育成幼苗。然而，农民须证明他至少有11块曼札纳（manzanas）土地，面积约为0.7公顷，才能加入此计划。“扎根”计划的部分树种有曼陀罗（mandagual）、卡巴（caoba）、齐萨罗（genizaro）、类木棉（pochote）、马德罗内格罗（madero negro）等。所选的树种避开了吸水性强的桉树，避免吸走所有的水分。

“我的兄弟们想离城市更近”，尼加拉瓜的路易斯·大卫·卡斯泰利纳·马丁内斯说，“我们兄弟五人继承遗产后，他们想借机离开这里，但我想留下，想要这些树。从长远角度考虑，我觉得这些树是能盈利的。”路易斯·大卫·卡斯泰利纳·马丁内斯已经签署了一份为期15年的合同，将他3万平方米的土地用于植树。

植树有三个目的：一是补偿二氧化碳的排放；二是拯救该地区越来越稀少的树木；三是木材可用于制造产品，从家具到砧板都可制作。一旦树木长成，便可以砍伐，而种植新树后，新的循环便又开始了。出售树木后，路易斯·大卫·卡斯泰利纳·马丁内斯可以从“扎根”项目中获取回报。

认证体系

瑞典有机食品认证（KRAV）

瑞典有机食品认证标签意味着有机产品的生产要符合动物养护、健康、社会责任和气候影响的要求。所种植的作物须未使用化学农药或人工化肥，农民有良好的工作环境，食品中不含任何违禁添加剂（GMOs），生产中也未使用转基因生物（Genetically Modified Organisms）。带有认证标签的产品每年都会检查，以确保其仍符合此认证要求。

欧盟有机农业（EU Organic Farming）

为了贴上欧盟有机农业标签，生产者须使用有机种子，改变作物轮作方法，且不得使用非天然来源的矿物肥料。此外，也不得使用化学杀虫剂或转基因生物（GMOs）。牲畜主要喂养来自家庭农场的有机饲料。有机动物须有机会到户外正常活动，理想地是牧场。欧盟范围内的有机标识有使用上的保护，不可在整个欧盟的非有机产品中使用。这增加了市场上的公平竞争，是保护消费者的一种方式。

公平贸易

公平贸易标签要求在贸易链中满足一系列需求，包括签订者获得雇佣合同、加班费、产假和工会组织的权利。对于拥有自己土地的农民来说，他们产品的基本价格是关键。报酬必须涵盖生产成本，并为短期和长期的可持续投资提供机会。公平贸易使持证的咖啡农能够进入更大的国际市场，以确保更安全的供应链。该标准不仅涉及长期的贸易协定，还与员工逐步增长的工资有关。其中的环境标准包括禁止使用有害农药、监控地表水和地下水的水质、保护濒危物种，以及生物多样性方面的考虑。

雨林联盟 + 国际互世认证（Rainforest Alliance + UTZ = Rainforest Alliance）

世界上最大的可持续发展认证机构——雨林联盟与国际互世认证，于2017年合并为一个组织。认证标准以原雨林联盟和国际互世认证标准为基础，现称为雨林联盟标准。新组织对认证公司实行统一的审查程序。

自2020年起该组织称为雨林联盟，重点关注全球的环境问题与社会问题，以及应对气候变化、森林砍伐、贫困和非可持续的种植方法。新组织也将在优先区域内，努力促进整片土地的保存与保护。

咖啡的历史故事

第559页：1822年，巴西桑托斯的咖啡港。

咖啡的历史故事与传说

咖啡简史中常说，1000 多年前人们在埃塞俄比亚发现了咖啡。15 世纪咖啡穿越红海到达也门，传到阿拉伯半岛，之后继续在中东一带传播，17 世纪初经土耳其传入意大利，以及欧洲其他国家。欧洲殖民者将东非的咖啡树装上船，跨越大洋运到南美洲和澳大利亚。如今，80 个国家都有咖啡种植园和商业农场。来自不同国家与不同文化背景的人都喝咖啡，而瑞典人和芬兰人比世界其他国家的人喝得都要多。

多数人对咖啡大致的历史脉络都表示认同。但一旦我们深入去了解细节——确切地说，咖啡从何时开始，由谁发现，又是如何发现的——那便难以说清了。咖啡的历史在有记录之前便已存在，而一旦它走出埃塞俄比亚并广受欢迎后，我们才开始看到一些关于咖啡来源的文字记载。如在一些保存的文献中，记录了咖啡从埃塞俄比亚传到也门的时间，海关记录中有 1685 年 500 克咖啡首次通过瑞典边境的时间。如果我们想找到更多蛛丝马迹，可以沿着两条途径：一是人的脚步，即殖民者和商人的足迹；二是科学家在寻找阿拉比卡咖啡源头过程中发现的遗传基因踪迹。

咖啡行业一直认为，与优雅的阿拉比卡咖啡相比，罗布斯塔咖啡就像它的丑陋兄弟——直到发现了一组有趣的遗传基因。科学家詹姆斯·霍夫曼（James Hoffmann）在他的《世界咖啡地图》（*The World Atlas of Coffee*，2014）一书中写道：一旦科学家将咖啡的基因系统化，全世界人们喝的两

第561页：阿拉比卡咖啡被认为源自1000年前埃塞俄比亚东南部的卡法省。

第562-563页：17世纪威尼斯一家咖啡馆中的绘画。

N
S
E
ኢትዮጵያ
ETHIOPIA
COFFEE MAP
TIGRE
WOLLO
GOGGIAM
WOLLEGA
SHOA
ADDIS ABEBA
OGADEN
DOLO
AFRICA
OCEANO ATLANTICO
OCEANO INDIANO

Zu der blauen
Flaschen

第564页：1922年巴西桑托斯的咖啡港。

第566-567页：1799年斯德哥尔摩的咖啡袭击事件。当局者抓住一群喝咖啡的妇女，她们正快速隐藏非法的咖啡。
马丁·赫兰（Martin Heland）的绘画，来自1799年佩尔·诺德奎斯特（Pehr Nordquist）的同名画作。

种咖啡——阿拉比卡咖啡和罗布斯塔咖啡，甚至连表兄弟都不是，更别说是亲兄弟了。实际上，罗布斯塔咖啡是阿拉比卡咖啡的父系。霍夫曼引用的文献中称，罗布斯塔品种与一种名为欧基尼奥伊德斯（eugenioides）的品种杂交，产生了我们称之为阿拉比卡的新品种，可能出自苏丹南部或肯尼亚的某个地方。这一新品种在埃塞俄比亚传播并立足，长期以来，埃塞俄比亚一直被认为是咖啡的发源地。阿拉比卡咖啡在埃塞俄比亚被发现，之后流传发展，再之后遍布世界各地的家庭与工作场所。

对阿拉比卡咖啡起源的研究，基于对基因测序的研究。[1]

虽然霍夫曼可能简化了对阿拉比卡咖啡起源的叙述，但他得到了更先进的研究支持。翱翔于科学的遗传基因海洋，他从咖啡的种植、加工、可持续生产（2004 年）中，总结出发现的咖啡基因信息。除此之外，从琼·尼古拉斯·维特根斯（Jean Nicolas Wintgens）编写的实用手册中，我们可以追溯并得出这样的结论：欧基尼奥伊德斯咖啡是阿拉比卡的母株，肯佛瑞德咖啡（canephoroid group）是罗布斯塔咖啡的一个亚种，罗布斯塔是父株：来自阿拉比卡的叶绿体 DNA（cpDNA）与来自欧基尼奥伊德斯咖啡和安东尼咖啡（Coffea anthonyi）的叶绿体基因似乎相似，与刚果咖啡（Coffea congensis）和刚果种突变种（Coffea canephora）基因序列几乎相同，这一结果支撑了阿拉比卡咖啡起源的假设。作为母株接近欧基尼奥伊德斯咖啡，接近欧基尼奥伊德斯咖啡组群，它是罗布斯塔的亚种，罗布斯塔为父株。除了这些假定的干细胞和阿拉比卡咖啡基因序列之间的微差外，很明显，阿拉比卡咖啡可能是在某一世纪的晚期产生的，很可能是在第四纪晚期。

由于罗布斯塔咖啡是刚果种突变种的一个亚种，可以这样说，科学家将罗布斯塔看作阿拉比卡母株或父株。

科学家们提到的第四纪，可以追溯到 200 多万年前。相比之下，约在 1000 年前已有很多人饮用咖啡，可仍无法确定咖啡首次出现的确切时间。当然，我们可以更深入地研究遗传学和历史理论，绘制出染色体和其形态，以及咖啡进化发展的遗传图谱。我们也可以选择另一条途径来研究，从人与咖啡的角度。这将使我们更接近咖啡与人类相遇时可能出现的时间，而咖啡将永远成为我们日常生活中不可分割的一部分。

关于咖啡起源的传奇故事，有几个版本。直到 17 世纪末，卡尔迪的故事才被记载成文字，流传至今。在这之前的 800 年，咖啡更像一个传说，

[1] 研究包括确定DNA分子中核苷酸确切顺序的过程；核苷酸由嘌呤碱或嘧啶碱、核糖或脱氧核糖及磷酸三种物质组成，是形成DNA的基础。——作者注

不过可信度很高。

关于咖啡起源最常见的传说，也是咖啡界最喜欢讲的故事，是埃塞俄比亚牧羊人卡尔迪发现咖啡的故事。在距离卡法省前首府吉玛仅 40 多千米的凯塔杜加村，从基督诞生到维京时代，关于卡尔迪放牧的山羊是何时发现了红色咖啡浆果，有着各种猜测。传说卡尔迪所养的山羊吃了红色咖啡浆果后，变得异常兴奋，于是卡尔迪也去采摘食用，之后咖啡因在他的身体中发挥了作用。再之后，卡尔迪将红色咖啡樱桃带给附近修道院的一个僧侣，僧侣并不喜欢眼前的红色果实，将它扔进火中，诱人的香气很快飘出，这才有了僧侣们因好奇而开始的进一步发现。僧侣们在火上快速地烤咖啡生豆，之后将其泡入热水中，这便有了世界上第一杯咖啡。据推测，僧侣们第一次尝试在火上烤的是色泽诱人的红色浆果，之后他们将烘烤后的豆子放入水中，当作饮料来喝；或是将豆子碾碎并与动物脂肪混合，以供长途旅行的僧侣们能量补给。

另一个传说是奥马尔（Omar）酋长的故事。他是阿布 - 哈桑 - 沙迪利酋长（Abu al-Hasan al-Shadhili）的门徒。据阿卜杜勒 – 卡德尔（Abdel kader）著作中一部古老的编年史记载，奥马尔曾从也门穆哈（Mocha）流放到乌萨市（Ousab）山中的一个沙漠洞穴中。当饥饿来临时，奥马尔便在灌木丛中嚼咖啡浆果，但发现味道很苦。他也试着在火上烤咖啡浆果，但烤后豆子会变得很硬。于是他用煮的方式使豆子变软，从而产生了一种有芳香味的棕色液体。当奥马尔饮用后，感觉酣醇可口，这一“神奇药物”的消息传到摩卡后，奥马尔被召回，并在之后被当地推崇为“圣者”。这个故事其实也有着不同的版本。

与我交谈过的所有埃塞俄比亚人都说，没有人真正知道何时及如何发现了咖啡。没有足够的研究，只有各种有趣的故事和传说。他们说卡尔迪的故事已成为他们公认的咖啡起源，尽管故事可能并不是真的。走在卡尔迪曾居住过的地方，我与村民和咖啡生产者交谈，比较与对比各种细节，了解到对埃塞俄比亚阿拉比卡咖啡起源的研究是受基因研究组织的支持。我们最终得出，约在 10 世纪，人类在埃塞俄比亚发现并开始种植咖啡。

这一推测证实了当时阿拉伯人活跃于此的事实，这对咖啡的起源来说至关重要。

“如果你看着我，”哈亚图丁 · 贾马尔说，“你看不出我是埃塞俄比亚人还是阿拉伯人。”

第569页：埃塞俄比亚的卡法省被认为是阿拉比卡咖啡的起源与发展地。

第570-571页：桑托斯早期的咖啡交易。

José Dias Herrera, déc 1950 / Acervo Museu d

在奥罗米亚州的咖啡种植区，哈亚图丁与许多其他埃塞俄比亚人一样，都有着阿拉伯人的特征。他们是埃塞俄比亚35%穆斯林人口中的一部分。阿比西尼亚人主要分布在阿拉伯南部的部落，这些人甚至在萨巴（Sebean）王国时期就已移民到非洲。几个世纪以来，自人类发现并开始种植咖啡起，便能在非洲看到阿拉伯人。接纳了咖啡的阿拉伯人，将咖啡带到了世界各地。早期，咖啡主要由伊斯兰国家消费，并与伊斯兰教的宗教习俗有着直接关系。

第573页：阿维德－诺德奎斯特是瑞典最早的咖啡烘焙公司之一，自1884年9月开始从事咖啡工作。

最早对咖啡的描述可以追溯到16世纪也门的苏非（Sufi）修道院。17世纪咖啡传至中东其他地区、印度南部、波斯、土耳其、非洲之角和非洲北部，之后又传至巴尔干半岛、意大利和欧洲其他国家、东南亚地区，以及美国。其中一个故事讲述的是15世纪来自也门首都亚丁的一位名为谢哈布·埃德丁（Shehab Eddin）的穆夫提[1]（Mufti），在前往埃塞俄比亚的旅途中，得知咖啡具有刺激大脑、延迟睡眠的作用。回到修道院后，他建议饮用咖啡，特别是对苦行僧，咖啡有助他们延长夜间的沉思冥想时间。因此，许多咖啡传说都涉及苏非神秘主义者，他们在夜间修行时，可以靠咖啡来提神。

为了保护国家对咖啡市场的垄断地位，也门政府禁止将未煮熟前的咖啡生豆带出国门。但在16世纪，咖啡从也门传至阿拉伯世界的其他地方，并在同一世纪中期传到伊斯坦布尔，或是说当时的君士坦丁堡。

1414年，咖啡开始在麦加为人所知，1467年第一棵咖啡树抵达那里。16世纪初，咖啡从也门穆哈港传到埃及和北非。在叙利亚也出现了咖啡馆，尤其在国际大都市阿勒颇，尽管这里历经多年轰炸，城市已面目全非，但仍有咖啡馆。之后在1554年，奥斯曼帝国的首都君士坦丁堡也出现了咖啡馆。1511年，在麦加神学法庭上，保守的伊玛目[2]因咖啡的刺激作用，将其禁止。这项禁令于1524年解除，当时穆夫提埃布苏德·埃芬迪（Ebussuud Efendi）发布了允许咖啡销售的法特瓦[3]。

阿布德－卡迪尔－贾兹里（Abd-Al-Qadir Al-Jaziri）是撰写咖啡书籍的早期作者之一。1587年，他创作了一部试图追溯咖啡历史的著作，名为《支持咖啡合法使用论》（*Umdat al Safwa fi hill al-qahwa*）；或《咖啡是清真食品》（*Coffee is Halal*）。咖啡能被伊斯兰教接受，这一点很重要。阿布德写道，大约在1454年，贾迈勒－布勒－阿布哈尼（Jamal-al-Buller al-Dhabhni）酋长是第一位饮用咖啡的酋长。咖啡这种刺激大脑但不含酒

[1] 穆夫提（Mufti）：阿拉伯语音译，意为“教法解说人”。伊斯兰教教职称谓。——译者注

[2] 伊玛目：阿拉伯语音译，意为“领拜人”“表率”“率领者”。伊斯兰教教职称谓。——译者注

[3] 法特瓦（Fatwa）：伊斯兰法的裁决和敕令。——编者注

NORDQUIS

精的饮料，似乎很适合伊斯兰国家。

这与之前我们在埃塞俄比亚卡法省奥罗米亚州法赫姆咖啡种植园时，出口经理哈亚图丁·贾马尔所说的一致："从积极意义上说，咖啡最初与宗教联系更紧密。""我们受到来自也门的影响。当普通人看到宗教领袖和酋长喝咖啡时，他们认为喝咖啡很重要，也对咖啡仪式充满了崇敬与尊重。这使咖啡被大众认可，在社会中占有一席之地。"哈亚图丁继续说道："喝咖啡时有一些习俗，比如在有人倒咖啡时，周围人应该保持安静。"

"尽管如此，今天仍有科普特东正教（Orthodox Coptic）的神父试图禁止咖啡。""咖啡是一种违背基督教信仰的药物，尽管埃塞俄比亚人人都喝咖啡，但并不是每个人都这样，"哈亚图丁解释道。

在 19 世纪之前的某个时间点，埃塞俄比亚东正教禁止了咖啡，但在 20 世纪初，形势有所缓和，禁令被取消，咖啡消费量迅速增加。据埃塞俄比亚植物学家理查德·潘克赫斯特（Richard Pankhurst）的说法，这很大程度上是因为皇帝孟尼利克二世（Emperor Menelik Ⅱ）自己喝咖啡，这对改变牧师们认为咖啡是穆斯林饮料的想法至关重要。

在许多埃塞俄比亚人心中，皇帝孟尼利克二世是位伟大领袖，他带领人民反抗来自其他国家殖民者的侵略，并统一了埃塞俄比亚。1896 年，皇帝孟尼利克二世实现了一个看似不可能实现的目标，抵抗并击败了入侵非洲之角部分地区的意大利军队。当时索马里和吉布提为法国殖民地，苏丹为英国殖民地。尽管困难重重，孟尼利克二世仍成功召集并团结了蒂格雷（Tigray）、瓦洛（Wollo）、吉玛、谢瓦（Shewa）、贡达尔（Gondar）和戈杰姆（Gojjam）等多地首领，共同反抗意大利。孟尼利克二世亲自指挥了著名的阿杜瓦战役（Battle of Adua）。如今，他与塔伊图皇后（Empress Taytu）一起躺在埃塞俄比亚亚的斯亚贝巴市中心地下墓穴的大理石石棺中。在他的石棺旁有一把看上去简单的椅子，由一整块木头雕制而成。据说在著名的阿杜瓦战役中，孟尼利克二世就是坐在这把椅子上，成功指挥前线作战。站在地下墓穴，面对孟尼利克二世的石棺，看着那把不起眼的椅子，我不禁想知道，这位皇帝是否坐在那把简单的椅子上，手里拿着一杯刚煮好的咖啡，发号施令。理查德·潘克赫斯特对孟尼利克二世促使咖啡传播的说法，看似并不是完全没有道理。

1616 年，第一棵咖啡树从也门出发，经荷兰阿姆斯特丹到达西欧。这种植物在西欧得以幸存并蓬勃发展，阿姆斯特丹市长自豪地向法国国王路易十四炫耀这种带有异国情调的咖啡树。不久之后，咖啡树便在巴黎植物园开始被种植了。

咖啡的传播为咖啡征服世界的进程铺平了道路。就像人类一样，有了露西（Lucy）[1]，我们知道了现代人类来自东非埃塞俄比亚。当露西的后代迁涉到世界各地，咖啡便在随后也被带到世界各地，从此扎根并适应了北纬23° 到南纬23° 之间的新环境——我们现在称之为"咖啡带"或"咖啡豆带"的区域。如今，咖啡已经融入了世界各地的文化。瑞典语中有"fika"（一种咖啡搭配烘焙甜点的休闲方式），意大利语中有"Espresso"（意式浓缩咖啡），土耳其语中有"Turkish"（土耳其咖啡），"Sami"（萨米人）在煮咖啡中加盐。各个国家都将咖啡这种来自非洲的习俗，作为自己文化的一部分。

就这样，咖啡像一个滚动的球，真正走向了世界。咖啡树从阿姆斯特丹的种植园到达圭亚那；法国人也从也门运进咖啡树，1717年将其种在留尼汪（Réunion）岛上。在富尔维奥・埃卡迪（Fulvio Eccardi）和温琴佐・桑达尔（Vincenzo Sandalj）撰写的《咖啡：多样化的庆祝活动》（*Coffee*：*A Celebration of Diversity*，2002年）一书中，他们提到，巴西的咖啡店始于1727年，当时一位巴西的外交官到达法属圭亚那，在那收到了总督妻子的一束鲜花，花中藏着一小株咖啡植物。300年后，巴西每年生产的咖啡约占全球1.5亿袋中的1/3。1730年英国人开始在牙买加种植咖啡；1748年西班牙传教士将咖啡带到古巴；1755年咖啡从古巴传入波多黎各，几年后传到危地马拉，18世纪末传入拉丁美洲其他地区；1779年传入哥斯达黎加；1794年传入哥伦比亚和墨西哥；1825年传教士唐・弗朗西斯科・马丁（Don Francisco Martin）在夏威夷种下第一棵咖啡树。尽管早在1600年，第一批咖啡树便已从也门运至印度西南部的奇克马加尔，但直到1840年，印度才开始商业种植咖啡。

1554年，世界上第一家咖啡馆在伊斯坦布尔开业。约100年后的1650年，英国商人雅各布（Jacob）在牛津开了一家咖啡馆。65年后，也就是1715年，伦敦已有不少于2000家咖啡馆。早在茶传入英国之前，喝咖啡已是英国人的习惯。1715年，一些咖啡店甚至开始允许女性顾客入内，她们可以在与男性分开的区域喝咖啡。法国第一家咖啡馆于1671年在马赛开业，一年后又在巴黎开了分店，到了拿破仑时代，巴黎咖啡馆的数量增至4000家。1683年，意大利威尼斯的第一家咖啡馆开业，而著名

[1] 露西（Lucy）：一具发现于东非的古人类化石标本。露西被称为"人类祖母"，1974年在埃塞俄比亚被发现，生活在约320万年以前。——编者注

的弗洛里安咖啡馆于1720年开业。今天，如果你碰巧路过，会看到它仍在营业。

咖啡在瑞典

在瑞典，有记载的第一个喝咖啡者是男爵兼军官克拉斯·罗兰姆（Claes Rålamb）。1657年，国王查尔斯·古斯塔夫（Charles X Gustav）派他去君士坦丁堡执行任务，敦促苏丹在当时波兰持续的战争中，采取各种有利于瑞典利益的措施，但效果并不理想。毫无疑问这次任务失败了，但克拉斯却成了享用咖啡这种黑色饮料的瑞典第一人。在接过苏丹人手中的咖啡一饮而下后，他并不喜欢，并这样描述自己的经历："咖啡是用煮熟的豆子做成的饮料，要趁热喝，不像喝酒，并且要慢慢喝，否则会烫到嘴。苏丹人让我先看他喝，再以同样的方式去喝。咖啡的味道很糟糕，像炒豌豆一样。"

在瑞典和丹麦，直到18世纪初，咖啡才真正为人所知。1685年，在克拉斯·罗兰姆成为瑞典第一个品尝咖啡者后的28年，第一批500克的咖啡作为进口药品，跨过边境进入瑞典。之后，人们可以在药店中购买咖啡。人们相信咖啡可以治愈各种疾病，如头痛、胃部不适、呼吸困难、肾结石和昏厥。

1714年11月国王查理十二世从土耳其回到瑞典，将咖啡带入上层沙龙活动，咖啡开始在瑞典流行。查理十二世不像克拉斯·罗兰姆那样对咖啡不感兴趣，而是对咖啡非常着迷，他将咖啡豆和制作工具都带回了瑞典。查理十二世并不是以凯旋者身份回到瑞典，而是回国后被关进了监狱，但他带回的咖啡，却在瑞典大受欢迎。12年后，斯德哥尔摩有15家咖啡馆供应咖啡这种昂贵且独特的饮料。事实上，在当时高昂的价格下，人们通常只能选择便宜的酒精饮料，而非咖啡。

可令社会代表们感到担忧的并不是酒精，而是咖啡。当时的皇家委员会（Royal Council）对城市中的咖啡馆感到担忧，并写信给斯德哥尔摩当局："亲爱的副总督先生，各地都有所谓的咖啡馆开业。那里聚集了不同年龄段的不同群体，咖啡馆不仅白天营业，有时还会经营到深夜，甚至还有可能彻夜不关。很多人在咖啡馆中都有不必要的消费，甚至是游戏与赌博，而咖啡馆的经营中也伴有令人不适的噪声。"

据皇家委员会称，咖啡馆将人们带入"淫乱、堕落与不洁净"中。在信中，皇家委员会要求斯德哥尔摩当局整治咖啡馆，清除与进一步防止咖啡馆中发生扰乱秩序、混乱与无秩序的现象。

1746 年，瑞典医学组织执行管理委员会对于过量饮用茶和咖啡，发布了一项公告。一年后，瑞典政府开始对茶和咖啡征收消费税。不同阶层的公民缴纳的消费税不同，每年 2 ~ 12 瑞克斯达勒（riksdaler）。1756 年，在议会激烈的争论后，农民阶层推行了禁止喝咖啡的禁令（作为禁止他们喝酒的一种报复）。1910 年《瑞典百科全书》（*Nordisk familjebok*）写道："咖啡属非法进口物，但如果缴纳关税，国家就会允许咖啡进口。在 1769 年 10 月 23 日的新法令中强制征收消费税。" 1794 年 1 月在国王阿道夫・古斯塔夫四世（Gustav lV Adolf）的摄政时期，出于节俭考虑，咖啡再次被禁。"全国人民都为此痛心，甚至在宫廷中，悲伤的咖啡歌曲也开始流传。"很多人对咖啡禁令非常不满，1796 年 11 月 24 日，国王被迫再次允许咖啡进口，直到 1799 年 4 月 6 日，咖啡再次被禁止，期间 1802 年 4 月 6 日至 1817 年 4 月 30 日，禁令解除。在 1822 年 9 月咖啡禁令彻底废除之前，一项允许咖啡进口的法令正式通过，原因是"……目前，咖啡进口关税为 0.12 瑞典克朗 / 千克，是国家税收的一项重要来源"。

据数据显示，1740 年瑞典的咖啡进口总量为 5824 千克，1881 年增至 123.41 万千克，1908 年增至 290.3 万千克。

咖啡禁令对那些已经习惯享用咖啡者并没有过多影响，因禁令颁布后，人们开始在家中喝咖啡。但对任何在外喝咖啡被抓者来说，违反咖啡禁令的代价相当高。1767 年，两名因喝咖啡被抓的女士，被罚款 100 "达利尔"（daler）银币。许多咖啡馆或倒闭，或为了谋生开始供应烈性酒，而吸引的客户也不再是中产阶级。咖啡馆中开始充斥着犯罪分子、政治失意者和妓女，很快就成了破落与激进之地。

林奈[1]也并不喜欢咖啡，而是更推荐中美洲的巧克力。他曾在 20 世纪 60 年代对咖啡评论道："咖啡似乎能给昏昏欲睡者带来活力，让愚蠢的人恢复理智，但它会让大脑和神经系统变得枯竭，从而让身体变得虚弱，导致早衰。"在林奈眼里，咖啡是为"那些沉闷、臃肿、冷漠和肥胖者"准备的饮料。

林奈撰写了有关咖啡、茶和巧克力的论文，指出富有的阶层试图用异国情调的饮品及其他事物来标榜自己，以展示与众不同。而其他人又不想显得低人一等，便开始模仿。这导致了公共卫生的不佳和国家支出

[1] 林奈（Linnaeus，1707—1778）瑞典动物学家、植物学家、冒险家、生物学家，近代植物分类学奠基人，动植物双名命法（binomial nomenclature）的创立者。他首先提出界、门、纲、目、属、种的物种分类法，至今被人们采用。——编者注

成本的增加。

从 1717 年起，咖啡价格会定期出现在海关的书籍中。19 世纪中期，咖啡传入了瑞典的乡村。咖啡成为人们用餐时喝的饮品。从 19 世纪初开始，咖啡便在减少瑞典人的酒精摄入量方面发挥了重要作用。18 世纪，咖啡主要面向光顾咖啡馆的男性，而到了 19 世纪，它变得更像是女性的社交场合。

到 19 世纪下半叶为止，瑞典之前所开的所有咖啡馆几乎都已关闭，取而代之的是更体面的咖啡馆。瑞典的面包师也会经营自己的咖啡馆，它们更独特，也由此成了女性最早光顾的公共场所之一。

咖啡在中国

咖啡传入中国的时间并不长，生命还很年轻。19 世纪晚期法国传教士将咖啡引入中国，中国开始种植咖啡。100 年后的 1988 年，咖啡开始作为政府项目的一部分，得到联合国开发计划署与世界银行（United Nations Development Program and the World Bank）的协助，展开商业开发。

至 2020 年 5 月，中国人当年已经消费了约 316 万袋咖啡（60 千克 / 袋），而中国咖啡的年产量约为 22 万袋。今天，咖啡烘焙机与迷你烘焙机已经遍布中国。获得政府认证的官方咖啡烘焙师超过 1000 名，与此同时，约 7000 名微型烘焙师也通过了政府认证。

“尽管如此，咖啡成为一种受欢迎的饮品仍需要很长一段时间。”大小咖啡馆（BigSmall Coffee）的经营者张一鹏说。他所经营的连锁咖啡馆，位于北京市中心地带，以先锋的室内设计和轻松的氛围备受消费者喜爱。

“在中国，年轻人会更倾向于喝咖啡，”张一鹏说，“我每天都喝咖啡，而对传统的茶每年最多喝两次。”咖啡店正在成为中国城市中的一道重要风景。中国进口的罗布斯塔咖啡主要来自越南、印度尼西亚、马来西亚、巴西和美国，速溶咖啡占据了市场的主要品种。

“年轻的都市一族，对咖啡有着强烈的需求，所以我从不担心我的这家咖啡馆没有生意，”张一鹏说，“我确信能成功。”但说到咖啡，在城市和乡村中咖啡接受度的区别，就像前往两个不同的国家。

“我从不同国家进口咖啡，而东非的咖啡是我的最爱。”张一鹏说。

中国 95% 的咖啡出自产茶大省云南，最高品质的阿拉比卡咖啡，品种有卡蒂姆、迪比卡和波旁，而海南和福建种植有少量的罗布斯塔咖啡，全

第583页：咖啡传播路径示意图。

咖啡传播路径示意图

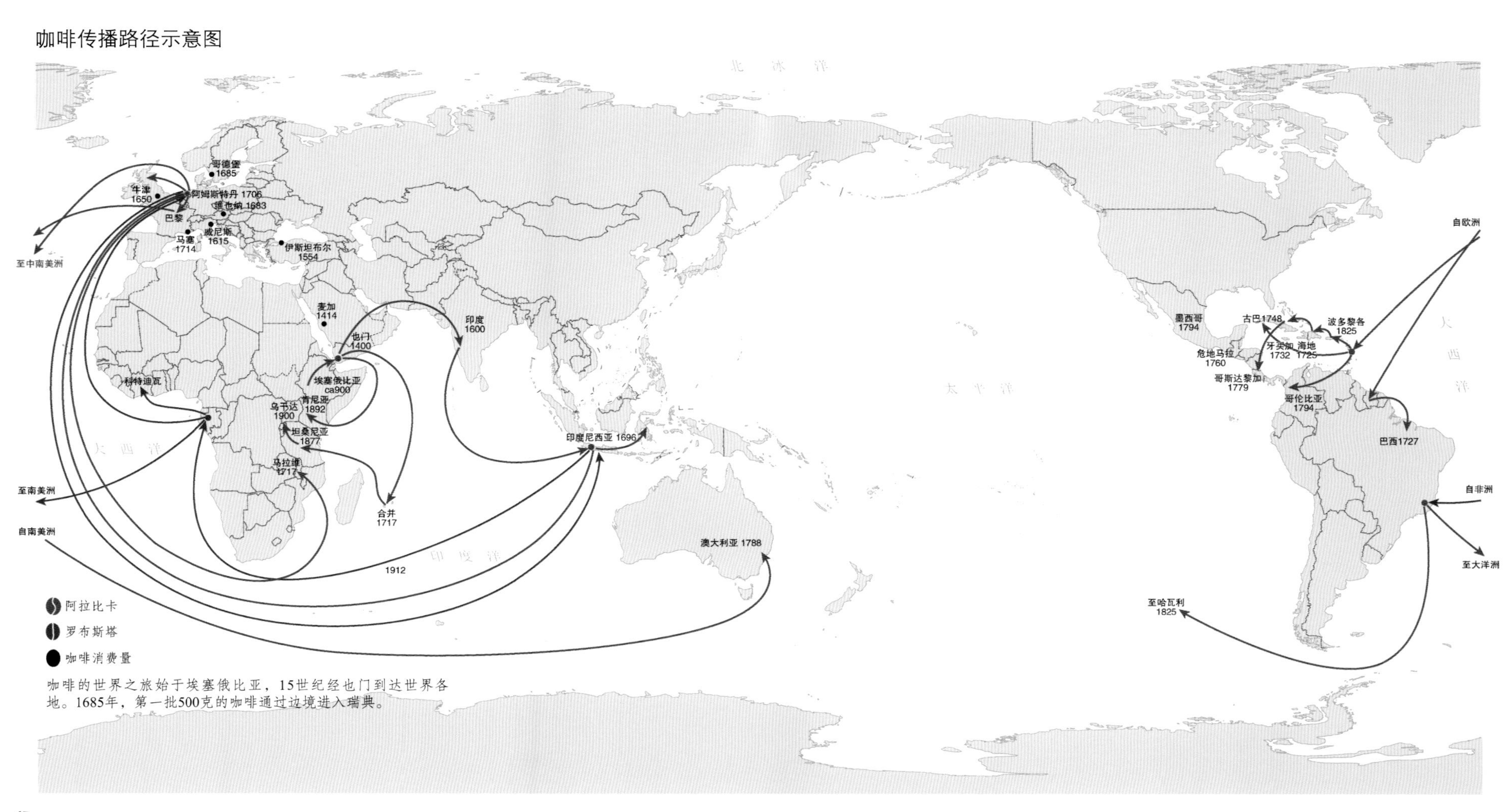

咖啡的世界之旅始于埃塞俄比亚，15世纪经也门到达世界各地。1685年，第一批500克的咖啡通过边境进入瑞典。

国总产量的 5% 是常混合使用的是帝汶岛卡杜拉（Caturra-Timor）品种。在中国，咖啡采收后，以水洗法加工。卡蒂姆（Catimor）是滇西南地区农民的首选品种，它的抗病性低，产量高，回报率快。

云南咖啡协会副会长认为，中国的咖啡市场增长潜力巨大，同时云南咖啡产业的发展也有助于当地的脱贫。

在海拔 2000 米的云南山区，以及海南与福建地区，许多农民已从种植甘蔗、玉米和大米等经济作物转向种植咖啡，他们期望带来更多的经济回报。中国生产的咖啡如今出口至全球 97 个国家，其中 71% 销往德国、美国、比利时、马来西亚与法国。

“种植咖啡比种植甘蔗更轻松。在咖啡采收季，无论老少，都可以参与咖啡采摘。”云南思茅种植园的一位村民说。

今天，在咖啡开始“征服世界之旅”的 600 年后，这种古老的习俗依然流行，并不断变化发展着。

世界咖啡出口国

咖啡出口国的总产量
数千个60千克/袋

A = 阿拉比卡
R = 罗布斯塔
A / R =主要出口阿拉比卡咖啡（其中含有一些罗布斯塔咖啡）
R / A =主要出口罗布斯塔咖啡（其中含有一些阿拉比卡咖啡）

咖啡出口年份		2014—2015	2015—2016
巴西	A / R	52299	50376
越南	R / A	26500	28737
哥伦比亚	A	13339	14009
印度尼西亚	R / A	11418	12317
埃塞俄比亚	A	6625	6714
印度	R / A	5450	5800
洪都拉斯	A	5258	5766
乌干达	R / A	3744	3650
危地马拉	A / R	3310	3420
秘鲁	A	2883	3301
墨西哥	A	3591	2800
尼加拉瓜	A	1898	2137
科特迪瓦	R	1750	1893
哥斯达黎加	A	1408	1634
中国	A	1100	1500
坦桑尼亚	A / R	753	930
肯尼亚	A	765	789
巴布亚新几内亚	A / R	798	712
厄瓜多尔	A / R	644	644
萨尔瓦多	A	669	552
委内瑞拉	A	651	501
泰国	R / A	497	485
老挝	R	506	467
马达加斯加	R	500	449
多米尼加	A	397	400
喀麦隆	R / A	483	391
海地	A	343	342
刚果民主共和国	R / A	335	323
卢旺达	A	238	278
布隆迪	A	248	274
菲律宾	R / A	193	208
几内亚	R	147	177
也门	A	150	138
巴拿马	A	106	108
古巴	A	101	100
中非	R	63	100
玻利维亚	A	106	89
多哥	R	143	81
东帝汶	A	117	66
塞拉利昂	R	46	51
尼日利亚	R	43	42
安哥拉	R / A	39	41
斯里兰卡	R	35	35
牙买加	A	21	20
巴拉圭	A	20	20
马拉维	A	24	15
津巴布韦	A	14	14
特立尼达和多巴哥	R	13	13
圭亚那	R	11	10
利比里亚	R	7	8
加纳	R	13	3
刚果	R	3	3
赞比亚	A	3	2
尼泊尔	A	2	1
加蓬	R	0	1
总计		149725	152443

以上统计数据来自国际咖啡组织。

世界咖啡生产国及地区

中美洲：
墨西哥、危地马拉、萨尔瓦多、洪都拉斯、尼加拉瓜、哥斯达黎加、巴拿马（7）。

南美洲：
巴西、哥伦比亚、委内瑞拉、厄瓜多尔、秘鲁、玻利维亚、巴拉圭、法属圭亚那、苏里南、圭亚那、委内瑞拉（11）。

加勒比地区：
特立尼达和多巴哥、马提尼克（法）、多米尼加、瓜德罗普（法）、波多黎各、海地、古巴、牙买加、多米尼加（9）。

非洲：
佛得角、几内亚、塞拉利昂、利比里亚、科特迪瓦、加纳、圣多美和普林西比、多哥、尼日利亚、加蓬、安哥拉、刚果（布）、赞比亚、南非、莫桑比克、津巴布韦、马达加斯加、毛里求斯、坦桑尼亚、布隆迪、卢旺达、埃塞俄比亚、苏丹、南苏丹、肯尼亚、马拉维、刚果民主共和国、中非、喀麦隆、贝宁、乌干达、留尼汪（法）、科摩罗（33）。

亚洲：
印度、也门、斯里兰卡、泰国、柬埔寨、越南、印度尼西亚、马来西亚、菲律宾、中国、老挝（11）。

大洋洲：
澳大利亚、巴布亚新几内亚、瓦努阿图、新喀里多尼亚、库克群岛、法属波利尼西亚、夏威夷（美）、斐济（8）。

资料来源

书中旅行与采访者信息来自澳大利亚、巴西、埃塞俄比亚、尼加拉瓜、印度尼西亚、意大利、加拿大、肯尼亚、瑞典、土耳其和美国的咖啡行业。

American Psychiatric Association, APA.

Brundtland Commission

Borota D et al. Post-study caffeine administration enhances memory consolidation in humans. Nature Neuroscience. Published online Jan. 12, 2014.

Citizens of Coffee, David Warr, 2017.

Coffee, a celebration of diversity, Fulvio Eccardi, Vincenzo Sandaj, 2002 DOI: 10.1200/JCO.2015.61.5062 Journal of Clinical Oncology 33, no. 31 (November 2015), 3598-3607.

Eskelinen M H et al. Caffeine as a protective factor in dementia and Alzheimer's disease. Journal of Alzheimer's Disease 2010; 20: 167-174.

European Food Safety Authority, EFSA.

European Journal of Epidemiology July 2013; Volume 28; Issue 7: 527-539.

Fredholm B. Adenosine, adenosine receptors and the actions of caffeine. Pharmacol. Toxicol. 1995; 76: 93–101.

Global Slavery Index.

Guercio B J et al. Coffee intake, Recurrence and Mortality in Stage III Colon Cancer: Results from CALGB 89803 (Alliance). DOI: 10.1200/JCO.2015.61.5062 Journal of Clinical Oncology 33, no. 31 (November 2015), 3598-3607.

Hippolyte Courty, café, Chene, 2015.

How to make Coffee, the science behind the bean, Lani Kingston.

James Hoffman, The World Atlas of Coffee, from beans to brewing. Coffees explored, explained and enjoyed, Firefly Books, sixth printing 2017.

Ed. Jean Nicolas Wintgens Coffee: Growing, Processing, Sustainable Production,
WILEY-VCH, second edition 2014

Journal of Clinical Oncology.

Loomis D et al. Carcinogenicity of drinking coffee, mate and very hot beverages. The Lancet Oncology July 2016; volume 17, no.7: 877–878.

Malerba S et al. A meta-analysis of prospective studies of coffee consumption and mortality for all causes, cancers and cardiovascular diseases.

NE, 1993.

NCA, National Coffee Association USA

Neuroportalen.

Nobel Minisymposium, Karolinska Institute (KI) 28, 2010. Conference on the effects of caffeine on health. Programme Manager: Professor Bertil Fredholm, KI.

Nordisk familjebok 1910.

Philippe Jobin, Les Cafés Produits Dans Le Monde, 1992. Published online Jan. 12, 2014.

Ritchie K et al. The neuroprotective effects of caffeine. Neurology Aug. 7, 2007; Volume 69, No 6: 536-545.

Report from SBU (Swedish Agency for Health Technology Assessment and Assessment of Social Services), 2010. http://www.sbu.se/sv/Publicerat/Gul/mat-vid-diabetes.

SCA, Specialty Coffee Association.

SCA, Specialty Coffee Association.

The Climate Institute, September 2016.

The Coffee Exporters Guide, third edition.

The Coffee of Nicaragua, Instituto de Historia Nicaraguay Centroamérica 2013.

The Institute for Scientific Information on Coffee, Coffee and Health.

U&W – Sustainability consultancy, Stockholm.

World Coffee Research.

作者简介

唐纳德·博斯特罗姆（Donald Boström）
瑞典记者、摄影师与作家。曾为近80个国家的报纸杂志与视觉媒体报道过战争、地区冲突及其他全球性事件。此外，他也感兴趣于生活中的美好事物，曾出版的关于美食与饮品的图书多次获奖。

曾出版的美食与饮品的相关著作如下。

《食神》（*Mat för Gudar*），2003年于瓦尔斯特伦（Gudar Wahlström & Widstrand）出版社出版，获瑞典膳食学院（Maltidsakademien）奖，并在巴塞罗那"美食家世界食谱书大奖"（Gourmand World Cookbook Awards）中获两项银奖。

与拉塞·克朗纳（Lasse Kronér）共同编写的《八十款美味三明治》（*Åttio väldigt goda mackor*），2003年于瓦尔斯特伦（Wahlström & widstrand）出版社出版。

与瑞典国家烹饪团队（Swedish National Cooking Team）共同编写的《快餐健康食品》（*Snabb Sund Mat*），2005年于普利斯马（Prisma）出版社出版。

《香槟与奶酪之书》（*Lilla boken om champagne och ost*），2009年由阿尔维德－诺德奎斯特（Arvid Nordquist）出版，在巴黎获"美食家世界食谱书大奖"金奖。

与格特·科罗茨（Gert Klötzke）和尼可拉斯·沃尔斯霍姆（Niclas Wahlström）编写的《自助餐》（*Smörgåsbord*），2009年于大动力出版社（Bokförlaget Max Ström）出版，在巴黎获"美食家世界食谱书大奖"银奖。

《食神2》（*Mat för Gudar* II），2015年于阿雷纳出版

致谢

艾格尼斯·博斯特罗姆（Agnes Boström），瑞典
安娜·库赫莫宁（Anna Kuhmunen），约克莫克（Jokkmokk）
古希腊咖啡馆（Antico Caffè Greco），罗马，意大利
伯尼·鲁尼（Bernie Rooney），山顶咖啡，澳大利亚
克莱门特（Clemente Poncón），拉库普利达（la Cumplida），尼加拉瓜
克里斯蒂亚诺·奥托尼（Cristiano Ottoni），波旁精品咖啡，巴西
西普利亚努斯·埃朴麦（Cyprian Ipomai），泰勒温奇（Taylor Winch）咖啡公司，肯尼亚
丹尼尔·德怀尔（Daniel Dwyer），罗斯福斯（Rothfos) 公司，美国
丹尼尔·沃尔特斯（Daniel Woithers），沃尔特斯公司，巴西
大卫·霍加德（David Haugard），瑞典
德克·斯克穆勒（Dirk Sickmueller），泰勒温奇咖啡公司，肯尼亚
菲德尔·费萨哈（Feder Fesaha），艾玛尔－塞弗斯村埃塞俄比亚
哈亚图丁·贾马尔（Ha-yatudin Jamal），法赫姆（Fahem）咖啡种植园，埃塞俄比亚
约翰·迈耶（John Meyer），咖啡贸易商，美国
乔纳森·波斯曼·格尔克（Jonathan Possman Gehrke），瓦萨埃根，瑞典
乔斯·纳瓦罗（José Navaro），ECOM实验室负责人，塞巴科，尼加拉瓜
拉尔斯－埃里克·库赫莫宁（Lars-Erik kuhmunen），社区主席，瑞典
拉尔斯·埃里克·斯特兰德贝里（Lars Erik Strarderg），健康专家，瑞典
劳伦·塔塞尔（Laurent Tassel），瑞典
马内·阿尔维斯（Mané Alves），国际咖啡实验室，佛蒙特州，美国
玛利亚·科斯尼尔（Maria Cosnier），可持续发展顾问，U & W，瑞典
马克·布利万特（Mark Bullivant），拜伦布鲁咖啡庄园，澳大利亚
穆斯塔法·约克赛尔（Mustafa Yüksel），水烟咖啡馆，伊斯坦布尔，土耳其
尼克尔·乔纳森（Nicole Johansson），作者于瑞典拜访
普莉希拉·丹尼尔（Priscilla Daniel），英国
阿尔维德－诺德奎斯特（Arvid Nordquist）的品酒团队：卡尔·约翰（Carl Johan），夏洛特·澳德恩（Charlotte Oldne），麦克·约翰逊（Mikael Johnson）和飞利浦·巴雷卡（Philippe Barreca）
拉斯穆斯·沃尔特斯（Rasmus Wolthers），沃尔特斯公司（Wolthers），巴西
雷蒙多·里奇（Raymondo Richi），桑特欧斯塔奇咖啡馆（Sant'Eustachioil Caffè），罗马，意大利
瑞贝卡（Rebecca）和约翰·曾特维尔德咖啡（John Zentveld's Coffee）澳大利亚
理查德·布拉德伯里（Richard Bradbury），维鲁庄园，澳大利亚
罗杰·林德伯格（Roger Lindberg），博邦啤酒店，瑞典
苏·加内特（Sue Garnett），亿康（Ecom）集团可持续商业项目全球总监，伦敦
托马斯·库赫莫宁（Tomas Kuhmunen），亿康咖啡集团，尼加拉瓜
维克托·贝伊（Victor Beis），亿康咖啡集团，尼加拉瓜

特别感谢

艾丽卡·博瑞松（Erica Bertilsson）
约翰－查尔斯·马特尔（Jean-Charles Matteî）
飞利浦·巴雷卡（Philippe Barreca）
威廉·诺德奎斯特（Wilhelm Nordquist）

感谢威廉·诺德奎斯特对书中知识点的审查，在这本书的编写过程中，他给予了无私的帮助。

索引

Coffee Book by Donald Boström.
Copyright © 2017 by Bokförlaget Arena
All rights reserved.
Original Swedish edition published in 2017 by Bokförlaget Arena AB Sweden.
Simplified Chinese Edition © 2021 by China Electric Power Press,
Published by arrangement through MAMOKO AB
All rights reserved including the rights of reproduction in whole or in part in any form.
本作品简体中文版权由中国电力出版社所有。
未经许可，不得翻印。

北京市版权局著作权合作登记 图字：01-2021-2383 号

图书在版编目（CIP）数据

咖啡圣经 /（瑞典）唐纳德·博斯特罗姆著；郑冰，东方檀译．—北京：中国电力出版社，2021.6

ISBN 978-7-5198-4810-1

Ⅰ．①咖… Ⅱ．①唐… ②郑… ③东… Ⅲ．①咖啡－基本知识 Ⅳ．① TS273

中国版本图书馆 CIP 数据核字（2020）第 126999 号

地图审图号：GS（2020）7166

出版发行：中国电力出版社
地　　址：北京市东城区北京站西街 19 号（邮政编码 100005）
网　　址：http://www.cepp.sgcc.com.cn
责任编辑：王倩　梁瑶（010–63412607）
责任校对：黄蓓　常燕昆等
书籍设计：锋尚设计
责任印制：杨晓东
特邀统筹：陈淑瑜
特邀审稿：许秀楠
印　　刷：北京雅昌艺术印刷有限公司
版　　次：2021 年 6 月第一版
印　　次：2021 年 6 月北京第一次印刷
开　　本：889 毫米 × 1194 毫米　16 开本
印　　张：37.25
字　　数：610 千字
定　　价：298.00 元

版权专有　侵权必究

本书如有印装质量问题，我社营销中心负责退换